名厨教你

做川菜

刘子祺◎编著

河北出版传媒集团
河北科学技术出版社

图书在版编目（CIP）数据

名厨教你做川菜 / 刘子祺编著 . -- 石家庄 ：河北科学技术出版社，2016.4

ISBN 978-7-5375-8302-2

Ⅰ. ①名… Ⅱ. ①刘… Ⅲ. ①川菜—菜谱 Ⅳ. ① TS972.182.71

中国版本图书馆 CIP 数据核字（2016）第 056727 号

名厨教你做川菜

刘子祺　编著

出版发行　河北出版传媒集团　河北科学技术出版社
地　　址　石家庄市友谊北大街 330 号（邮编：050061）
印　　刷　三河市明华印务有限公司
经　　销　新华书店
开　　本　710 × 1000　1/16
印　　张　10
字　　数　150 千字
版　　次　2016 年 5 月第 1 版
　　　　　2016 年 5 月第 1 次印刷
定　　价　32.80 元

前 言

随着时代的进步，人们对生活品质的要求越来越高，吃、穿、住、行概莫能外。日常饮食与人体的健康状况息息相关，人们已开始重视食品种类和营养的搭配。如今，食品安全问题也受到普遍关注，为了饮食健康，许多人更青睐以自己烹饪的方式来表达对家人的关爱。自己烹制美食，不仅可以维护健康，也能提升家人之间的融合度，提高家庭生活的幸福和美满指数。

为了让大家在烹饪时能有据可依，以便更轻松地制作出受家人欢迎的美食，同时充分享受烹饪的乐趣，我们特意编写了这套菜谱。为满足各类人群、各个年龄段对饮食的不同需求，适合个人口味偏好，本套菜谱编写范围较广，包含家常菜、小炒、私房菜、特色菜、川菜、湘菜、东北菜、火锅、主食、汤煲等，不一而足，希望能够满足各类读者对于美食的独特需求。

我们力求让读者一读就懂，一学就会，一做便成功。书中详尽介绍了食物制作所需的主料与配料，并对操作步骤进行了细致地讲解，同时关于操作过程中需要注意的事项也重点阐述。即便您从来没有下过厨房，也可以在菜谱的帮助下制作出美味可口的菜品。

在教您烹饪的基础上，我们对食材与菜品的营养成分进行了解析，以帮助您选择适合家人营养需求与口味的菜肴。希望可以让您吃得健康、吃得明白。

另外，我们为每道菜都配有精美的图片，在掌握制作方法的同时，给您带来一场视觉上饕餮盛宴。看着令人垂涎欲滴的图片，想必您一定能胃口大开，在享受美食的同时，体会到烹饪带给您的巨大乐趣。

美味的食物不仅可以给您带来味蕾上的满足感，更重要的是每一种食物都蕴藏着养生的智慧。希望在您享受美食的过程中，您的体质与生活质量都能得到更好的改变。

在这套菜谱的编写过程中，我们请教了烹饪大师、营养师等相关人士，他们给予了我们极大的帮助，在此表示深深的谢意。然而，我们的水平有限，书中难免出现疏漏之处，敬请读者指正。在此一并表示感谢！

目录
CONTENTS

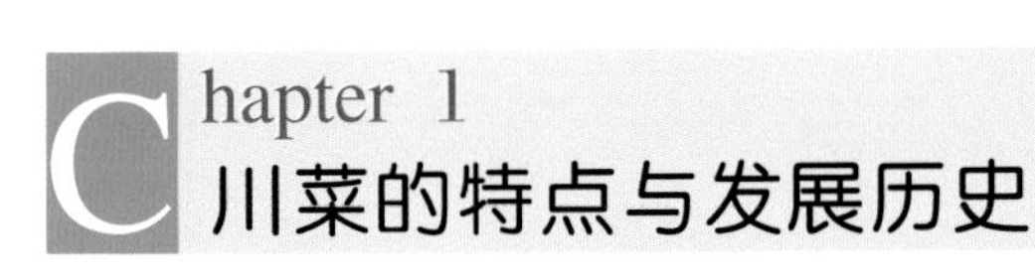

Chapter 4 美味热菜

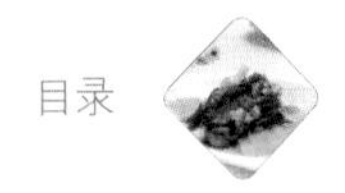

可口禽蛋 / 90

鲜香水产 / 114

Chapter 1 川菜的特点与发展历史

川菜的特点 

川菜作为中国八大菜系之一，取材广泛，调味多变，菜式多样，口味清鲜、醇浓并重，以善用麻辣调味著称，并具有别具一格的烹调方法和浓郁的地方风味，融会了东南西北各方的特点，博采众家之长，善于吸收，善于创新，享誉中外。

川菜兴起于清末和抗战两个时间段，以家常菜为主，取材多为日常百味，其特点在于红味讲究麻、辣、香，白味在咸鲜中仍带点儿微辣。代表菜品有夫妻肺片、鱼香肉丝、宫保鸡丁、麻婆豆腐、回锅肉、东坡肘子等。

发展历史 

川菜的出现可追溯至秦汉，早在一千多年前，西晋文学家左思所著的《蜀都赋》中便有“金罍中坐，肴烟四陈，觞以清醥，鲜以紫鳞”的描述。唐宋时期，川菜更

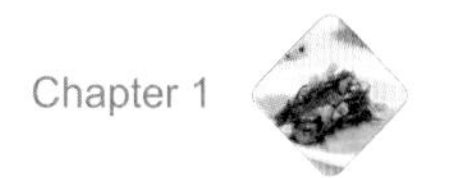

为脍炙人口。诗人陆游曾以“玉食峨眉木耳，金齑丙穴鱼”的诗句赞美川菜。川菜在宋代已经形成流派，当时的影响已达中原。宋代孟元老著《东京梦华录》卷四《食店》记载了北宋汴梁（今开封）“有川饭店，则有插肉面、大燠面、大小抹肉、淘煎燠肉、杂煎事件、生熟烧饭”。

元、明、清建都北京后，随着入川官吏的增多，大批北京厨师前往成都落户，经营饮食业，使川菜得到进一步发展，逐渐成为我国的主要地方菜系之一。明末清初，川菜用辣椒调味，使巴蜀时期就形成的“尚滋味”“好香辛”等调味传统进一步有所发展。清乾隆年间，四川罗江著名文人李调元在其《函海·醒园录》中就系统地搜集了川菜的 38 种烹调方法。川菜中不论官府菜，还是市肆菜，都有许多名菜。

* 秦汉时期

秦、西汉时期四川饮食文化尚未出现地区性特色：秦灭蜀到西汉末年的三百余年间，由于第一次移民以后蜀经济的发展，成都的繁荣促进了物产的丰富与饮食业的兴旺。古典四川菜在西汉晚期时初具规模，而且烹饪原料不是单纯就地选取，而是通过水陆运输从长江下游和秦岭以西获得。但是，我们应该注意到，这一时期至少上层饮食还未出现地区性的特征，如果有，也是属于下层人民继承的战国时期的不卫生、不文明的陋习。总的说来，和四川在秦汉以后很少表现出古蜀文化遗迹一样，这一时期的四川饮食文化也基本上完全被秦汉先进文化同化，尚未形成自己的地区特色。

* 汉末魏晋

古典四川烹调与中原、江南烹饪的分野出现在东汉末年与魏晋时期：

东汉建立以后，四川的经济文化继续发展，它的烹饪文化开始表现出自己的特色。水饺的出现尤其应该引起我们的注意，它应该理解为馄饨的变种。我们知道，馄饨或者水饺应该是小麦去麸之后的面粉制作而成的，要求面粉加工质量很高，由此我们可以推测，最迟在东汉时期，四川地区的农业加工技术和中原地区一样,已经发展到相当先进的阶段。馒头在东汉末年已经出现了，但为什么会被高承归于蜀汉诸葛亮的发明？可能

是因为蜀地馒头首创加入肉馅，而且在形状上略似人首。《魏武四时食制》谈到当时巴蜀的烹饪，说“郫县子鱼，黄鳞赤尾，出稻田，可以为酱”，黄鱼“大数百斤，骨软可食，出江阳、犍为”，还提到“蒸鲇”，可见当时巴蜀地区已有清蒸鲶鱼的菜式了。这些都说明巴蜀地区的烹饪水平在东汉末年、三国时期有了相当大的提高。

* 隋唐五代

隋、唐、五代时期巴蜀饮食文化的繁荣：

西晋末年蜀地的战乱，导致了大批蜀地人民的东迁，使得此地的经济文化遭到一定程度的破坏。到了隋唐时期，统一大帝国的建立使得生产得到恢复，经济得到了空前发展。经济大恢复与生活富裕下的文化充实始于隋占领蜀地以后，至隋统一中国，这段时期内蜀地区的人口增加，成都城区规模不断扩大。自安史之乱起，蜀成为唐王朝的后院。唐中后期的动乱里，四川一直是世族、著名文人避难的地方，这就为文化交流，包括饮食水平的提高创造了条件。

这一时期的巴蜀饮食水平达到了新的高度，这在唐人的诗里有所反映，例如，杜甫在四川夔府时，曾作《槐叶冷淘》诗："青青高槐叶，采掇会中厨。新面来近市，汁滓宛相俱。入鼎资过熟，加餐愁欲无。碧鲜俱照箸，香饭兼苞芦。""冷淘"是一种凉面，早在南北朝时期即已出现雏形，盛唐时成为宫廷宴会的时令饮食，杜甫能在夔府吃到冷淘，说明京师盛宴里的佳肴业已流传到四川民间。

在第三次移民后的五代时期，前后两蜀的经济文化达到了又一个高潮。《清异录》载："孟蜀尚食，掌《食典》一百卷，有赐绯羊。其法：以红曲煮肉，紧卷石镇，深入酒骨淹透，切如纸薄乃进。"《食典》多达一百卷，应该是隋唐至五代期间内容最广泛的食谱，虽然它仅记载皇家御厨的厨艺，但也可以从中窥探出巴蜀烹饪文化在五代时期的五彩缤纷。

＊ 两宋时期

两宋时期，古典川菜成为全国的独立菜系：

北宋时，宋祁著《益部方物略记》，第一次向四川以外的地区详细介绍四川奇异的土特产和部分烹饪技巧。以后，苏轼第一个身体力行，创造性地把四川烹饪发扬光大到中原、江南和岭南地区。

浙江人陆游是一名业余烹调爱好者，他长期在四川为官，对川菜兴味浓厚。他的《剑南诗稿》谈到四川饮食的竟达50多首。通过他的作品，我们可以从另一个角度观察到四川各地民间美食的绚丽。

两宋时期四川饮食的重大成就，在于其烹饪方式开始被送到境外，让境外的川人和不是川人的百姓能在专门的食店里吃到具有地方特色的风味食物，这是四川菜第一次成为一个独立的烹调体系的开端。川菜出川主要经营大众化的饮食，尤其是面食，而面食里最主要的品种是面条，附带也有一些快餐类肉食。到了北宋，川菜才单独成为一个在全国有影响力的菜系。

* 元代以后

元代到清代中期四川饮食文化的衰落和萧条：

南宋末年，蒙古军队对四川的入侵，使四川的经济、文化遭到严重摧残，大批百姓和世族逃亡到长江中下游地区，使得南宋以前繁荣一时的四川亚文化受到毁灭性的打击。

到了清代中期，涌进四川的移民主要来自湖南、陕西、广西、广东、江西、福建等地，他们占据了川西、川南、川东、川北最富庶的地区，而将残存的少数土著居民挤到盆地边缘。由于这些移民绝大多数来自下层，不可能带来精致的外地饮食技艺，那时四川的经济还正在酝酿腾飞之际，这就使得四川直到清咸丰、同治以前，饮食文化与文化本身不可能出现大的恢复和新的飞跃。

* 现代川菜的诞生（1861–1905 年）

清乾隆时期，宦游浙江的四川罗江人李化楠在做官期间，喜欢在闲暇时间收集家厨、主妇的烹饪经验。后来，他的儿子李调元将他收集的烹饪经验整理出来，编成《醒园录》。《醒园录》是一部清代重要的食书，不同于其他同类书的概略，它详细记载了烹调的原料选择和烹饪操作程序，对于促进江浙和四川饮食文化的发展有着非同寻常的意义。

此时的四川经济还处于腾飞前夕，烹饪技艺简单、粗糙，它受到了来自湖广、江西和陕西移民带来的下层饮食风格的影响，实际上是各地家庭妇女所做菜的风味的混合，而古典川菜的特色大约只在姜汁鸡和夹沙肉里还保留着，前者充分利用了川姜的辛香，后者突出了川味的甜腻，古典川菜里的麻味已经不突出了。

《醒园录》中系统地搜集了江浙家厨和中馈菜的38种烹调方法，如炒、滑、爆、煸、熘、炝、炸、煮、烫、糁、煎、蒙、贴、酿、卷、蒸、烧、焖、炖、摊、煨、烩、焯、烤、烘、粘、汆、糟、醉、冲等，以及冷菜类的拌、卤、熏、腌、腊、冻、酱等。这些名目繁多的烹调方法同中下层烹调联系紧密，显然对后来崛起的现代川菜起到了极大的促进作用。

一般说来，现代川菜的酝酿时期可确定为1861–1905年，它开始于清咸丰、同治时期。清政府平定李蓝起义以后，四川在随后五十年的承平环境下，由于远离沿海，受到西方资本主义经济的冲击较小，出现了普遍的繁荣景象。这一时期，起初是因为东南战事，下江农业残败，四川第一次取代两湖，成为清政府最大的粮赋省，因此清政府开始重视四川，向四川派出了有影响力的官员，如丁宝桢、张之洞、岑春煊、锡良等人。他们在四川开始了初期洋务运动和新政、兴学，使这一时期四川的学术文化发展出现了第一次飞跃，无论经济，还是文化都开始在全国崭露头角。

现代川菜的诞生，和四川文化在晚清的起飞是分不开的，它主要是在移民烹饪文化的融合，并在上层示范文化的鼓励下，包括烹饪学家的影响下发展起来的。

* 现代川菜的第一次繁荣（1906–1937 年）

现代川菜的定型，更多来自多省移民饮食的影响。正当现代川菜在酝酿诞生的时候，明末自美洲输入的辣椒正在经历大约一百年的在下层饮食里扎根的过程，也附丽其上，而使其成为今天川菜鲜明的个性。

现代川菜的定型时期为 1906–1937 年，即从清末新政时期开始，到抗日战争爆发前夕。从酝酿时期（1861–1905 年）到定型时期（1906–1937 年），现代川菜的定型是通过三条道路的发展来实现的，这三条发展道路相互激励和促进，使得川菜在短短 76 年里即完成了定型任务。

到了清末，徐珂的《清稗类钞·各省特色之肴馔》一节有载：“肴馔之各有特色者，如京师、山东、四川、广东、福建、江宁、苏州、镇江、扬州、淮安。”说明了现

代川菜在定型初期，即已在全国饮食上确立了自己的地位。宣统元年（1909 年）刊印的傅崇矩编撰《成都通览》里，已经记录了当时的成都菜肴达 1328 种之多，从咸丰末（1861 年）到光绪末（1908 年），在 47 年的时间内，现代川菜已经发展到惊人的规模，并且除了“清、鲜、醇、浓并重，善用麻辣”的特点以外，还形成了按地区的分类，既有成都、自贡、内江、泸州、宜宾、眉山等地区的流派，此外，还有数不清的各县名菜与名小吃。

著名菜品

唐代诗仙、诗圣都和川菜有不解之缘。诗仙李白幼年随父迁居锦州隆昌，即当时的四川江油青莲乡，直至 25 岁才离川。在四川近 20 年的生活中，他很爱吃当地名菜焖蒸鸭子。厨师宰鸭后，将鸭放入容器内，加酒等各种调料，并注入汤汁，用一大张浸湿的绵纸，封严容器口，蒸烂后保持原汁原味，既香且嫩。天宝元年，李白受到唐玄宗的器重，入京供奉翰林。他以年轻时食过的焖蒸鸭子为蓝本，用百年陈酿花雕、枸杞、三七等蒸肥鸭献给玄宗。皇帝非常高兴，将此菜命名为“太白鸭”。诗圣杜甫长期居住在四川草堂，在他的《观打鱼歌》中唱出了关于“太白鸭”的赞美诗歌。到了宋代，川菜越过巴蜀境界，进入东都，为世人所知。

清同治年间，成都北门外万福桥边有家小饭店，面带麻粒的陈姓女店主用嫩豆腐、牛肉末、辣椒、花椒、豆瓣酱

等烹制的佳肴麻辣、鲜香，十分受人欢迎，这就是著名的“麻婆豆腐”，后来饭店也改名为“陈麻婆豆腐店”。

丁宝桢原籍贵州，清咸丰年间进士，曾任山东巡抚，后任四川总督。他一向喜欢吃用辣椒与猪肉、鸡肉爆炒制成的菜肴。据说在山东任职时，他就命家厨制作“酱爆鸡丁”等菜，很合胃口，但那时此菜还未出名。调任四川总督后，每遇宴客，他都让家厨用花生米、干辣椒和嫩鸡肉炒制鸡丁，此菜肉嫩味美，很受客人欢迎。后来他由于戍边御敌有功被朝廷封为“太子少保”，人称“丁宫保”，其家厨烹制的炒鸡丁，也因此被称为“宫保鸡丁”。

“灯影牛肉”的制作方法与众不同，风味独特。将牛后腿上的腱子肉切成薄片，撒上盐，裹成圆筒形晾干，平铺在钢丝架上，进烘炉烘干，再上蒸笼蒸后取出，切成小片复蒸透，最后下炒锅炒透，加入调料，起锅晾凉，淋上麻油才成。此菜呈半透明状，薄如纸，肉质鲜红，放在灯下可将牛肉片的红影子映在纸上或墙上，好似演灯影戏。

“夫妻肺片”是成都地区人人皆知的一道风味菜。相传20世纪30年代，有个叫郭朝华的小贩，和妻子一同制作凉拌牛肺片，串街走巷，提篮叫卖。此菜味道鲜美，口感极佳，大受欢迎，人们戏称其为“夫妻肺片”，沿用至今。

Chapter 2 川菜的味型

味型特点 

川菜特点：一菜一格，百菜百味。

川菜有麻、辣、甜、咸、酸、苦六种味道。在六种基本味型的基础上，又可调配、变化为多种复合味型，在川菜烹饪过程中，如能运用味的主次、浓淡、多寡，调配变化，加之选料、切配和烹调得当，即可获得色香味形俱佳的具有特殊风味的各种美味佳肴。

川菜的特点是突出麻、辣、香、鲜、油大、味厚，重用“三椒”（辣椒、花椒、胡椒）和鲜姜。调味方法有干烧、鱼香、怪味、椒麻、红油、姜汁、糖醋、荔枝、蒜泥等多种复合味型，形成了川菜的特殊风味，享有“一菜一格，百菜百味”的美誉。

川菜的复合味型有20多种，如咸鲜味型、家常味型、麻辣味型、糊辣味型、鱼香味型、姜汁味型、怪味味型、椒麻味型、酸辣味型、红油味型、蒜泥味型、麻酱味型、酱香味型、烟香味型、荔枝味型、五香味型、香糟味型、糖醋味型、甜香味型、陈皮味型、芥末味型、咸甜味型、椒盐味型、糊辣荔枝味型、茄汁味型，等等。

口味分类 

川菜的味相当丰富，号称“百菜百味”。其中最为著名的当数鱼香、麻辣、辣子、陈皮、椒麻、怪味、酸辣等味。调制这些复合味有很大的难度，但若掌握了它们的配方及调制方法，基本上也能学得八九不离十。下面分别介绍如下（按其重量比例作为单位）。

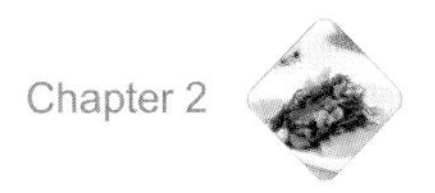

鱼香味

四川豆瓣酱2份，糖、醋各1.5份，葱、姜、蒜1份，泡椒0.5份，酱油、酒、味精各适量。调法是先煸葱、姜、蒜、泡椒，再煸豆瓣酱出红油，最后与其他调料混合。色红味甜、酸辣均衡。可用来做鱼香肉丝、鱼香茄子、鱼香蘸汁等。

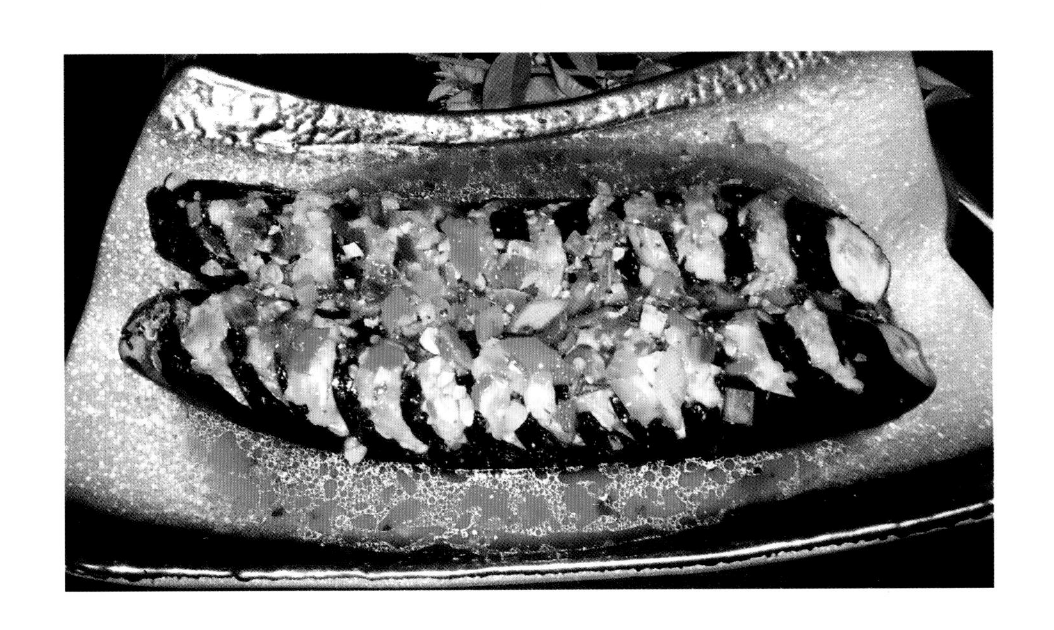

麻辣味

四川豆瓣酱3份，糖、醋各1份，花椒0.5份或花椒粉0.2份，干辣椒0.3份，葱、姜、蒜、酒、酱油、味精各适量。调法是先将干辣椒段炸至褐色，再下花椒炒香，煸葱、姜、蒜之后下其他调料。为取麻味，还可加些花椒粉（油炸花椒起香，麻味来自花椒粉）。其特点是色泽金红、麻辣鲜香，有轻微的甜酸味，可用于制麻辣鱼丁、麻婆豆腐等。

辣子味

四川豆瓣酱1份，糖、醋各0.3份，葱、姜、蒜及酱油、味精、酒各适量。调法是先下葱、姜、蒜煸香，再将豆瓣酱煸炒出红油，下其他调料调和。其特点是鲜辣中带有极微的甜酸味，可用于制辣子鸡丁、辣子鱼丁等。

陈皮味

四川豆瓣酱3份，糖、陈皮各2份，干辣椒1份，花椒0.5份，酱油、味精、葱、姜、蒜、酒各适量。调制方法为先将干辣椒炸焦，再煸花椒出香味，如用陈皮块，亦要煸炒，若用烤干的陈皮碾成的粉，可在烹调接近完毕时撒入。煸葱、姜、蒜出香味后再煸豆瓣酱，随后加汤及其他调料焖烧原料。其口味特点是麻辣鲜香，有陈皮特有的芳香味，可用于制陈皮牛肉、陈皮鸡等。

椒麻味

酱油6份，葱白5份，花椒、糖、醋各1份，味精、鲜汤、酒各适量。制法是将花椒用酒浸泡一夜，然后与葱白一起剁成细泥，加酱油、糖、醋等其他调料调制而成。其特点是麻香鲜咸，可用于调制椒麻肉片、椒麻肚片、椒麻鸡等。

怪味

四川豆瓣酱、芝麻酱、油各1份，糖、醋各0.8份，葱、蒜泥各0.1份，花椒粉、酱油、鲜汤各适量。制法是先用油煸四川豆瓣酱至油变红，用鲜汤调开芝麻酱，再加上所有调料，调制均匀即成。其特点是辣、麻、甜、酸、咸、鲜、香诸味融为一体，口味非常丰富，可用于调制怪味鸡、怪味鸭片等。

酸辣味

酸辣味有用于炒爆菜和用于烩菜之分，前者比例为：四川豆瓣酱1份，醋0.9份，糖0.6份，葱、姜、蒜、酒、酱油、鲜汤、红油各适量。制法是先煸葱、姜、蒜和豆瓣酱，再调和其他调料。后者比例为醋6份，葱花、香菜末各3份，白胡椒粉0.8份，麻油少许。前者特点是酸辣而香，微有甜味，后者酸辣爽口，上口咸酸，下咽时始觉辣味。用于炒爆菜的，如酸辣鱿鱼卷、酸辣鱼片；烩菜如酸辣汤、酸辣鸡血等。

精美凉菜
Chapter 3

陈醋花生米

主料 花生仁 400 克

辅料 洋葱半个，青、红尖椒各 2 个，陈醋、味极鲜、糖、盐、油各适量

·操作步骤·

① 将洋葱切成小方丁；青、红尖椒切成小圈；用陈醋与味极鲜、糖、盐调成料汁。

② 凉油下入花生仁，小火不停翻炒至色泽金黄。

③ 取一容器，里面放入切好的洋葱丁、尖椒圈和凉透的花生，倒入调好的料汁即可。

·营养贴士· 花生米是高能量、高蛋白和高脂类的食物，富含白藜芦醇、异黄酮、抗氧化剂等物质，有重要的保健作用。

皮蛋拌辣椒

主料 皮蛋 150 克，青椒 20 克，红椒 20 克

辅料 白糖 3 克，食盐 5 克，醋、味极鲜各适量，花椒油、香油各少许

·操作步骤·

① 皮蛋剥壳，切成小块，青、红椒切成粒，将皮蛋、青红椒粒放入盘中。

② 将味极鲜、白糖、食盐、醋、花椒油、香油倒入碗中调成汁，浇在皮蛋上拌匀即可。

·营养贴士· 皮蛋性凉，可治高血压、耳鸣眩晕等疾病。

双椒凤爪

主 料 鸡爪500克，泡椒100克

辅 料 江米酒30克，干辣椒25克，小米椒20克，白糖15克，花椒5克，食盐、鸡精各3克，香料（大料、茴香、香叶、桂皮）适量，西芹少许

·操作步骤·

① 鸡爪去爪尖，洗净；西芹洗净，斜切段；干辣椒、花椒、香料用纱布包好，制成香料包。

② 锅置中火上，倒清水烧开至沸，放入香料包，煮一会儿，倒出晾冷，制成卤水。

③ 鸡爪用沸水汆烫断生，捞出投凉。

④ 卤水内加食盐、鸡精、白糖、江米酒、泡椒、小米椒调和均匀，放入西芹、鸡爪，一起泡制4~6小时即可。

·营养贴士· 凤爪富含谷氨酸、胶原蛋白和钙质，多吃不但能软化血管，还具有美容作用。

·操作要领· 焯凤爪的时候放入的姜和料酒都有去除腥味的作用。

红油芝麻鸡

主料 鸡肉500克

辅料 盐3克，白芝麻5克，酱油、红油、味精、料酒各适量，芹菜叶、红椒各少许

·操作步骤·

① 鸡肉洗净，剁成块，用盐腌渍片刻；芹菜叶、红椒洗净，红椒切圈。

② 锅内注入适量冷水，加适量料酒，放入鸡肉，大火煮开后，转小火焖至熟，捞出沥干摆盘。

③ 锅置火上，锅热后下入白芝麻炒熟，熟后盛出晾凉。

④ 盐、酱油、味精、红油调成味汁，放白芝麻拌匀，然后将味汁浇在鸡肉上，撒上芹菜叶、红椒圈即可。

·营养贴士· 芝麻富含维生素E，可抑制体内自由基活跃，有抗氧化、延缓老化的作用。

红油贡菜

主料 贡菜200克，辣椒1个

辅料 盐3克，葱、姜各5克，芝麻、酱油、红油、味精各适量

·操作步骤·

① 贡菜放在清水中浸泡，泡发后淘洗干净，切段；辣椒切丝；葱、姜洗净，切末。

② 锅置火上，加清水，水开后加入贡菜，煮熟后捞出，放入冷水中。

③ 盐、酱油、红油、味精调成味汁，搅拌均匀。

④ 贡菜、味汁、葱末、姜末、辣椒丝放入容器中，搅拌均匀，最后撒上一些芝麻即可。

·营养贴士· 贡菜含有谷氨酸、维生素C、维生素D、锌、铁、钙、硒等，对抗衰老、防癌有一定的食疗作用。

红椒鸭胗

主 料 鸭胗 300 克，泡椒 1 袋

辅 料 青椒、红椒各 30 克，精盐 3 克，酱油、香油各适量

·操作步骤·

① 鸭胗洗净切片；青椒、红椒均去蒂洗净切细丝；泡椒开袋备用。

② 锅内注水，加精盐、酱油，放入鸭胗，卤熟后捞出沥干，切花刀；泡椒与鸭胗拌匀，撒上青椒丝、红椒丝，淋上香油拌匀即可。

·营养贴士· 鸭胗含铁元素较丰富，具有补血作用。

·操作要领· 煮制鸭胗的时候，放入一些料酒能够去除腥味。

拌荸荠

主 料 荸荠 500 克，黑木耳 50 克

辅 料 白糖少许

准备所需主料。

将荸荠去皮切成片。

木耳择洗干净，撕成大小均匀的块。

将木耳和荸荠用水焯一下，静置沥干水分后，放入糖，即可食用。

营养贴士： 荸荠是根茎类蔬菜中含磷较高的，能促进人体生长发育和维持生理功能的需要，对牙齿和骨骼的发育有很大好处，同时可促进体内的糖类、脂肪、蛋白质的代谢，调节酸碱平衡，因此荸荠适合儿童食用。荸荠质嫩多津，可治疗热病津伤口渴之症，对糖尿病尿多者，有一定的辅助治疗作用。

操作要领： 荸荠、木耳烫过后，都要用凉水过凉，以保持其鲜嫩。

麻辣**鸭肠**

主 料 鸭肠 500 克

辅 料 豆芽 150 克，葱、姜、蒜各少许，花椒、酱油、辣椒酱、湿淀粉、清汤、料酒、醋、胡椒粉、精盐、植物油、香菜段各适量

·操作步骤·

① 将鸭肠洗净后用开水把鸭肠迅速烫透，捞出散开晾凉，再切成 5 厘米长的段；葱剖开切 2 厘米长的段；姜、蒜切片；豆芽洗净，用热水焯一下，放在盘底。

② 用酱油、湿淀粉、料酒、醋、胡椒粉和清汤兑成汁。

③ 锅烧热注入植物油，先把花椒炸香后捞出，再下入辣椒酱，然后下鸭肠、葱段、姜片、蒜片翻炒，将兑好的汁倒入，待汁烧开时，放入精盐再翻炒几下，撒上香菜段，盛出放在豆芽上即可。

·营养贴士· 鸭肠富含蛋白质、B 族维生素、维生素 C、维生素 A 和钙、铁等元素，对人体新陈代谢、神经、心脏、消化和视觉的维护都有良好的作用。

·操作要领· 焯鸭肠的时候放入一些料酒，能够去除鸭肠的腥味。

蒜泥泡白肉

主料 五花肉300克

辅料 黄瓜1根，鸡精2克，葱1段，姜片5克，蒜2头，精盐、醋、生抽、香油、米酒、糖、辣椒油、料酒、冰糖、桂皮各适量

·操作步骤·

① 黄瓜洗净切丝；将五花肉入清水中，放入料酒、冰糖、桂皮，加入葱段、姜片和米酒，大火烧开，转中小火煮30分钟左右。

② 蒜压成泥，与香油、生抽、糖、精盐、辣椒油、醋、鸡精混合为味汁。

③ 将煮熟的五花肉放冷后切薄片，再将切好的五花肉片过几秒钟的开水捞出，将切好的黄瓜丝卷在晾凉的五花肉里，均匀码放在盘中，淋上味汁即可。

·营养贴士· 黄瓜的营养成分主要是糖类、膳食纤维、蛋白质、烟酸等，具有利湿热，抗衰老之作用。

红油白肉

主料 五花肉250克

辅料 红油25克，酱油8克，盐、味精各2克，葱、姜、蒜各5克

·操作步骤·

① 五花肉洗净，入锅煮25分钟，离火浸泡10分钟。

② 葱、姜、蒜洗净，葱切末，姜切末，蒜捣成泥；五花肉捞出晾凉，切片装盘。

③ 蒜泥、红油、酱油、盐、姜末、味精调成味汁，淋于肉片上，撒上葱花即可。

·营养贴士· 五花肉能够提供血红素与半胱氨酸，能够促进铁元素的吸收，改善缺铁性贫血。

川式肉皮冻

主料 猪皮400克

辅料 盐6克，酱油5克，鸡精3克，花椒、葱、姜、熟芝麻、红油各适量

·操作步骤·

① 猪皮去毛洗净；葱、姜洗净，大葱切段，姜切片；花椒、部分葱段、姜片制成调料包；酱油、鸡精、红油调成味汁。

② 锅中倒水煮沸，放入猪皮焯烫后捞出。

③ 另起锅注水，水沸后放入调料包和猪皮，边煮边撇去浮沫，待水熬至黏稠时，取出调料包，调入盐、鸡精，静置待其凝固。

④ 肉皮冻切块装盘，淋上味汁，撒上葱花、熟芝麻即可。

·营养贴士· 猪皮中含有大量的胶原蛋白，能减缓机体细胞的老化，缓解阴虚内热，出现咽喉疼痛、低热等症的患者食用更佳。

·操作要领· 熬制肉皮冻的时候一定要小火慢熬，这样肉皮冻才能凝固得更好。

辣椒猪皮

主 料 猪皮500克，香菜、红椒各适量

辅 料 盐5克，鸡精、酱油、蚝油各3克，葱、蒜、辣椒油、芝麻各适量

·操作步骤·

① 猪皮去毛，洗净切丝；香菜择好，洗净切段；红椒洗净，去蒂、籽，切碎；葱、蒜洗净，葱切丝，蒜切末。

② 盐、鸡精、酱油、蚝油、蒜末、辣椒油调成味汁，搅拌均匀。

③ 锅中倒水煮沸，放入猪皮焯烫片刻捞出。

④ 另起锅倒水煮沸，放入猪皮煮至熟烂捞出，然后与味汁、香菜段、红椒末、葱丝、芝麻放入容器中搅拌均匀即可。

·营养贴士· 辣椒中含有的辣椒碱，有促进食欲、帮助消化的作用。

红辣椒拌猪耳

主 料 猪耳1只（200克）

辅 料 红辣椒120克，精盐、味精、耗油、蒜末、葱各适量

·操作步骤·

① 猪耳放入温水中刮洗干净，再入沸水锅中煮熟，捞出沥干水，切成薄片，放入盘中备用；红辣椒洗净，切成条；葱洗净斜切成段。

② 将精盐、味精、耗油、蒜末放入碗中搅拌均匀，调成味汁。

③ 将调好的味汁倒入放猪耳的盘中，放入葱段，搅拌均匀即可。

·营养贴士· 猪耳中含有蛋白质、脂肪、糖类、维生素及钙、磷、铁等，具有健脾胃的作用 。

香葱脆耳

主 料 猪耳 500 克，香葱 150 克

辅 料 酱油 8 克，鸡精 6 克，香油 5 克，姜 10 克，红椒、花椒、八角、香叶、桂皮、盐各适量

·操作步骤·

① 将猪耳去毛刮洗干净，放入锅中焯烫后捞出洗净；香葱洗净，切段；姜切片；红椒切丝。

② 花椒、八角、香叶、桂皮、葱叶、姜片制成调料包，与酱油、鸡精、盐一同入锅熬煮。

③ 开锅后放入猪耳，再次开锅时转小火，煮至猪耳熟透捞出，晾凉后切丝，放入盘中。

④ 红椒丝、葱白段放入盘中，加入适量鸡精、酱油、香油调匀即可。

·营养贴士· 猪耳含有蛋白质、脂肪、糖类、维生素及钙、磷、铁等，具有健脾胃的作用。

·操作要领· 猪耳焯水之后马上捞出来放进冷水中，能够保持其爽脆感。

黄瓜拌猪耳

主 料 黑木耳200克，猪耳朵（熟）200克，黄瓜100克

辅 料 鸡精5克，白糖5克，植物油6克，食盐5克，香醋、生抽、葱、姜、蒜各适量

·操作步骤·

① 黑木耳用冷水泡发后，剪去根蒂，撕成小朵，锅中放清水烧开后，入黑木耳汆烫3分钟捞出，用冷开水洗去表面黏液；黄瓜去皮切菱形块，备用。

② 猪耳朵切片，葱、姜、蒜切末放小碗里，植物油烧热后浇在上面烹出香味，加入适量生抽、食盐、鸡精、香醋、白糖调匀成味汁。

③ 将黄瓜摆入盘边，作为装饰，将黑木耳与猪耳朵一起倒入盘中间，将味汁倒入，拌匀即可。

·营养贴士· 黑木耳可以维护细胞的正常代谢，具有延缓衰老作用。

香麻肚丝

主 料 猪肚400克，青椒、红椒各50克

辅 料 食盐3克，白糖4克，辣椒油、酱油、芝麻、醋各适量，大蒜3瓣，花椒粉5克，葱白5克，姜3克

·操作步骤·

① 新鲜猪肚用食盐反复搓洗3遍以上，去掉内外的黏性物质；清水烧开，猪肚下锅中煮熟。

② 大蒜切碎，姜切末；青、红椒切丝并焯水放凉；葱白切丝备用。

③ 将煮熟的猪肚捞出，沥干，冷却，切成条；在凉拌盆中放入酱油、醋、姜末、蒜末、葱丝、食盐、白糖、辣椒油、花椒粉、青椒丝、红椒丝拌匀装盘，撒上芝麻拌匀即可。

·营养贴士· 猪肚具有治虚劳羸弱，止泻、止消渴的作用。

凉拌猪肚丝

主 料 牛肚 250 克，青辣椒 100 克

辅 料 食盐 5 克，白糖 3 克，醋 10 克，鸡精 5 克，香油、酱油各少许

·操作步骤·

① 牛肚用清水煮熟，晾凉，切丝；青辣椒洗净，切丝。

② 将牛肚丝和青辣椒丝放入盘内，调入以香油、酱油、醋、食盐、白糖、鸡精调成的汁，浇在肚丝上，拌匀即可食用。

·营养贴士· 此菜具有补虚损、健脾胃的作用。

·操作要领· 在焯烫肚丝的水中加入适量的料酒，能够去除一部分腥味。

凉拌海肠

主 料 海肠 200 克，青辣椒、红辣椒各 1 个，香菜适量

辅 料 葱、香油、食盐各适量

准备所需的主材料。

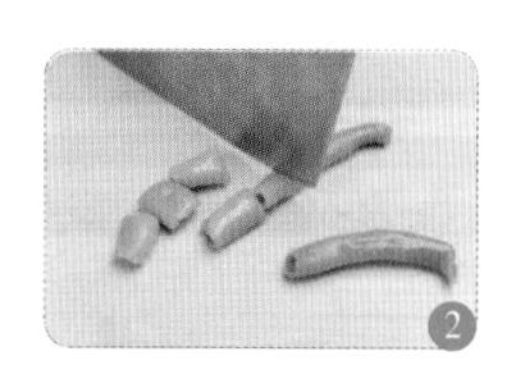
将海肠切成小段。

将青辣椒、红辣椒切圈，香菜、葱切段。

把海肠、青辣椒圈、红辣椒圈、香菜段、葱段放入碗内，碗内放入香油、食盐搅拌均匀即可。

营养贴士：海肠营养丰富、低脂肪，富含胶原蛋白、维生素等多种营养成分，具有滋补、美颜等作用，被称为“裸体海参”。

操作要领：海肠在切段前，需要用沸水焯烫 30 秒。

风味麻辣牛肉

主 料 牛肉500克

辅 料 韩式辣椒酱、白糖、酱油、味精、麻椒粉、盐、芝麻各适量

·操作步骤·

① 牛肉洗净，在开水锅内煮熟，捞起晾凉后切成片。

② 将牛肉片盛入碗内，先下盐拌匀，使之入味，接着放韩式辣椒酱、白糖、酱油、味精、麻椒粉再拌，最后撒上芝麻，拌匀盛入盘内即成。

·营养贴士· 牛肉富含蛋白质、氨基酸，有补血益气、滋养脾胃、强健筋骨、化痰息风、止渴止涎的作用。

·操作要领· 煮牛肉的时候加些料酒，能够去除腥味。

炝拌牛肉丝

主 料 牛肉200克，黄瓜、胡萝卜各50克

辅 料 花椒10克，食盐3克，味精2克，醋、香油各5克，胡椒粉1克，熟芝麻、香菜各适量

·操作步骤·

① 煮熟牛肉，然后切丝。

② 黄瓜去皮，切丝；胡萝卜去皮，切丁。

③ 香油放入锅中，加热炸熟花椒，做成花椒油。

④ 牛肉丝、黄瓜丝和胡萝卜丁混合均匀，然后再均匀地拌上食盐、味精、醋和胡椒粉，最后浇上花椒油，撒上一些芝麻、香菜即可。

·营养贴士· 本道菜具有减肥作用。

川卤牛肉

主 料 牛肉500克

辅 料 A：香叶5片，甘草4片，陈皮2片，八角2颗，桂皮1段，草果1颗，小茴香、花椒、干辣椒各适量

B：冰糖15克，豆瓣酱15克，生抽、老抽各30克，食盐、料酒各15克，五香粉5克，姜片、葱白各适量

·操作步骤·

① 牛肉洗净，用清水浸泡半小时去除血水，捞出洗净改刀切成4块，冷水入锅焯水，捞出后投凉，洗净浮沫。

② 将牛肉放入汤锅中，用纱网包好配料A，投入锅中，加适量清水盖上锅盖，大火煮15分钟，加入配料B，转小火继续煮1小时至牛肉熟烂，关火，牛肉浸在卤水中自然冷却，食用时切成小块装盘即可。

·营养贴士· 牛肉中氨基酸组成与人体需要更加接近，能提高机体抗病能力。

干拌羊杂

主 料 羊心、羊肝、羊肺、羊肚各300克，青椒、红椒各适量

辅 料 盐20克，酱油15克，醋10克，鸡精、葱、姜、蒜、料酒、辣椒油各适量

·操作步骤·

① 将羊杂（羊心、羊肝、羊肺、羊肚）洗净，浸泡在水中，反复清洗、浸泡去污；青椒、红椒洗净，切丝；葱、姜、蒜洗净，分别切成末。

② 锅中倒水煮沸，加入羊杂焯烫后捞出洗净。

③ 另起锅加水，下入料酒、葱、姜、盐、酱油，水开后放入羊杂，再次水开后转小火，煮至羊杂熟透并捞出晾凉，切片。

④ 盐、酱油、醋、鸡精、葱、姜、蒜、辣椒油调成味汁，然后与青椒丝、红椒丝、羊杂片一同放入盘中拌匀即可。

·营养贴士· 羊肝有养肝、明目、补血、清虚热的作用。

·操作要领· 用水焯烫一下羊杂，能够去除羊杂中的血水和污物。

爽口百叶

主料 百叶400克，红椒各适量

辅料 醋8克，酱油6克，盐、鸡精、葱、姜、蒜、料酒、辣椒油、芝麻各适量

·操作步骤·

① 将百叶洗净切片；红椒洗净切小段；葱、姜、蒜洗净，分别切成末。

② 锅中加水，烧开后放入百叶片，放入适量料酒，待百叶片熟透捞出晾凉。

③ 盐、鸡精、酱油、醋、辣椒油、葱末、姜末、蒜末、芝麻调成味汁，搅拌均匀。

④ 将百叶片放入盘中堆成尖塔形，然后放入味汁、红椒段即可。

·营养贴士· 百叶含蛋白质、脂肪、钙、磷、铁、硫胺素、核黄素等，具有补气养血的作用。

麻酱冬瓜

主料 冬瓜1个

辅料 麻酱、盐、水、熟芝麻各适量

·操作步骤·

① 将冬瓜洗净，然后去皮切成2厘米见方的小块。

② 在锅中烧水，然后将冬瓜放入焯烫，接着过凉。

③ 在麻酱中放一点凉开水，将其调稀，再调入适量食盐。

④ 冬瓜过凉后放入盘中，最后淋上麻酱，撒上一些熟芝麻即可。

·营养贴士· 本道菜具有减肥降脂的作用。

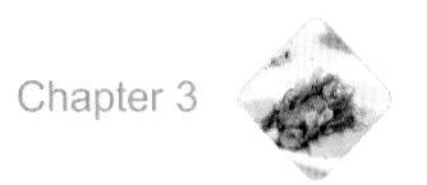

美味酱萝卜

主 料 白萝卜500克

辅 料 盐15克，酱油、白糖、白醋各适量

·操作步骤·

① 将白萝卜洗净，切片，放在一个大碗内，撒上盐，抓匀，腌渍半小时，然后将萝卜腌出来的水倒掉。

② 在碗内放一勺白糖，拌匀腌半小时，挤干水分；再重复一次用白糖腌渍的过程，攥干水分。

③ 用凉白开水将萝卜片清洗一下，沥干。

④ 萝卜中调入酱油、白醋、凉开水，拌匀，装入保鲜盒，放入冰箱冷藏两天即可。

·营养贴士· 白萝卜具有促进消化、增强食欲、加快胃肠蠕动和止咳化痰的作用。

·操作要领· 重复的腌渍、挤水可以减少一些萝卜的辛辣味。

冰镇苦瓜

主 料 苦瓜 2 根

辅 料 食盐、冰块各适量

操作步骤

准备所需主材料。

将苦瓜用刀切成两半，将每一半剖开后去瓤，然后片成薄片。

将苦瓜片放入清水中浸泡 30 分钟。

杯内放入适量水，水中放入食盐化开，制作成盐水。把苦瓜片放在盘中的冰块上，在苦瓜上淋上盐水即可。

营养贴士： 苦瓜中含有蛋白质、脂肪、淀粉、钙、磷、铁、胡萝卜素、维生素等营养成分。

操作要领： 盐水的浓度，请依据个人口味而定。

凉拌海带茎

主 料 海带茎 400 克

辅 料 姜、蒜、青椒、红椒、盐、味精、麻油、糖、醋各适量

·操作步骤·

① 将海带茎洗净，在开水里烫一下，捞起用冷水冲洗数次，放入盆中。

② 姜切丝，蒜切片，青椒、红椒切小段。

③ 取小碗，加入盐、味精、麻油、糖、醋、蒜、姜、青椒、红椒，拌匀，制成料汁。

④ 将料汁倒在盛海带茎的盆里，拌匀，装盘即可。

·营养贴士· 海带能消炎退热、补血润肺、降低血压。

·操作要领· 醋和糖可稍微多加一些，这样会使味道更浓郁。食用前放冰箱冷藏一下，吃起来会更爽口。

凉拌魔芋豆腐

主料 魔芋豆腐1块

辅料 红椒、葱、蒜粒、香醋、生抽、盐各适量

·操作步骤·

① 魔芋豆腐切块，在开水中煮一下，捞出沥干水分。

② 蒜粒、生抽、香醋、盐拌匀成味汁；红椒洗净切段，葱切段，调入味汁腌渍一会儿。

③ 将腌渍好的红椒和葱放到魔芋豆腐上，再将味汁倒入即可。

·营养贴士· 魔芋豆腐具有降压降脂、开胃防癌的作用。

怪味鸡

主料 公鸡（或大笋鸡）肉500克

辅料 熟白芝麻、酱油、藤椒粉、葱白、白糖、盐、辣椒油、味精、醋、麻酱、香油、姜末各适量

·操作步骤·

① 葱白洗净，切丝排于碟底。

② 鸡肉洗净，放入沸水中，加少许盐，用慢火煮约12分钟至熟，晾凉。

③ 将鸡肉切块，放在碟中的葱白上。

④ 将所有调料混合成怪味汁，将汁淋在鸡肉上，撒上熟白芝麻即可。

·营养贴士· 这道菜具有温中补脾、益气养血、补肾益精的作用。

美味热菜
Chapter

飘香畜肉

罗汉笋炒腊肉

主 料 腊肉 200 克，罗汉笋 50 克

辅 料 红辣椒、盐、味精、料酒、水淀粉、色拉油各适量

·操作步骤·

① 腊肉切成片；罗汉笋洗净切成条；红辣椒切丝。

② 起锅放色拉油加热至 110℃，将肉片入锅滑油，用料酒、盐、味精炒熟，捞出待用。

③ 锅留底油煸罗汉笋，加入红辣椒略炒后加盐调味，用水淀粉勾芡，倒入肉片，拌匀即成。

·营养贴士· 罗汉笋富含纤维素，能促进肠胃蠕动，帮助消化。

·操作要领· 罗汉笋不能烹煮太久，太老的话会影响口感。

香干
炒腊肉

主 料➡ 腊肉200克，香干100克

辅 料☛ 蒜苗适量，豆瓣酱1大匙，盐适量，生抽1大匙，料酒1大匙，糖1/2大匙，油适量

·操作步骤·

① 腊肉上锅蒸一下，水开后，10分钟即可，然后切片待用；香干切细条，待用；蒜苗洗净切段，待用。

② 锅里放油，加豆瓣酱，小火炒出红油，放入腊肉片，变色煸出油后，放入香干，翻炒均匀，加生抽、料酒、盐、糖，翻炒均匀，出锅前放入蒜苗，快炒几下，即可出锅。

·营养贴士· 香干营养丰富，富含蛋白质和多种矿物质，可促进骨骼发育。

·操作要领· 腊肉本身就含有盐分，炒菜的时候盐可以适当少放。

茶树菇炒腊肉

主 料 茶树菇、腊肉、青蒜各适量

辅 料 干辣椒4个，蒜5克，八角1粒，芹菜、姜、食盐、色拉油各适量

·操作步骤·

① 腊肉切片，放入锅中蒸熟；茶树菇洗净切段，在沸水中焯烫后捞出沥干水分；青蒜切段；姜切丝；干辣椒切段；葱切末；蒜切末；芹菜切段。

② 在锅中倒油，放入葱、姜、干辣椒、八角，用小火炒出香味。

③ 放入腊肉，仍然用小火炒，直到腊肉出油。

④ 倒入茶树菇、芹菜段和青蒜段，添加适量食盐翻炒均匀，待茶树菇入味即可。

·营养贴士· 本道菜具有抗衰老的作用。

剁椒五花肉

主 料 五花肉500克

辅 料 剁椒50克，清汤50克，姜4片，蒜片10克，白糖15克，酱油15克，料酒10克，食盐5克，鸡精3克，植物油适量，葱花少许

·操作步骤·

① 五花肉洗净，切成0.5厘米厚的肉片。

② 炒锅内加入植物油烧热，倒入五花肉不断翻炒，直至肉片煸出油且呈金黄色，倒入姜片、蒜片、剁椒、料酒，翻炒1分钟。

③ 加入清汤，翻炒均匀后继续炒5分钟，放入酱油、食盐、鸡精和白糖，拌炒均匀入味，待汤汁收干，撒上葱花炒匀即可。

·营养贴士· 猪肉性微寒，能补肾气。

川香农家小炒肉

主 料 猪瘦肉300克，青椒、红椒各1个

辅 料 植物油10克，盐、鸡精各3克，葱、姜、蒜、酱油、郫县豆瓣酱各适量

·操作步骤·

① 猪瘦肉洗净切成薄片；青椒、红椒洗净，去蒂，切圈；葱、姜、蒜洗净切末。

② 锅中倒植物油加热，爆香葱末、姜末、蒜末。

③ 下入猪瘦肉翻炒，待肉卷边，下入青、红椒圈和郫县豆瓣酱继续翻炒。

④ 调入盐、鸡精、酱油，翻炒均匀即可。

·营养贴士· 青椒、红椒富含维生素C，可以控制心脏病及冠状动脉硬化，降低胆固醇，含有较多抗氧化物质，可预防癌症及其他慢性疾病，可以使呼吸道畅通，用以治疗咳嗽、感冒。

·操作要领· 翻炒的时候要用大火快炒，不能把猪瘦肉炒得太干。

菜花干炒肉

主 料　五花肉 150 克，菜花 200 克，干红辣椒 50 克

辅 料　豆瓣酱、香油、食用油、食盐、味精、姜丝各适量

操作步骤

准备所需主材料。

把干红辣椒切段；菜花放入沸水中焯至变色后捞出；五花肉切成片。

在豆瓣酱内放入香油搅拌均匀。

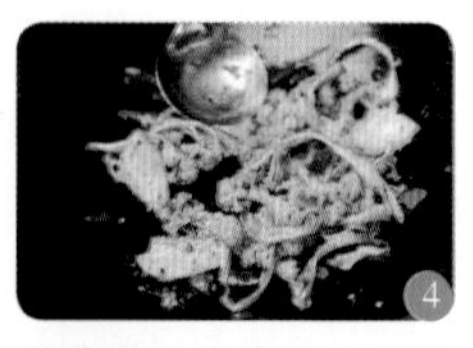

锅内放入食用油，油热后放入干红辣椒段、豆瓣酱和姜丝爆香，放入五花肉炒至变色后，放入菜花继续翻炒，将熟时放入食盐、味精调味即可。

营养贴士：菜花具有清热润肺、补脾和胃的作用。

操作要领：菜花焯制后要将水沥干，否则在炒制时容易出汤，影响口感。

蒜香回锅肉

主 料 五花肉 300 克

辅 料 青蒜苗 50 克，青椒、红椒各 1 个，姜片、香叶、郫县豆瓣酱、料酒、植物油、盐、蒜末、味精各适量

·操作步骤·

① 青蒜苗洗净切段；青椒、红椒洗净去蒂切片。

② 锅中放水，加入姜片、香叶，烧开，将五花肉放入锅中，煮至六成熟时，捞出切片。

③ 炒锅中放油，烧热，放入姜片、蒜末、郫县豆瓣酱，用中火炒香；倒入肉片，加少许盐和料酒，炒至肥肉部分打卷。

④ 放入青蒜苗和青椒、红椒片，加少许盐，转大火翻炒至熟，撒上味精即可。

·营养贴士· 豆腐干具有防止血管硬化、保护心脏的作用。

·操作要领· 豆腐干和郫县豆瓣酱都含有盐分，加盐的时候可适当减量。

木耳炖酥肉

主 料 炸酥肉、黑木耳各适量

辅 料 植物油、姜、蒜、葱、盐、陈醋、花椒、白胡椒粉、鸡精各适量

·操作步骤·

① 黑木耳提前泡发洗净；蒜、姜切末；葱斜切段。

② 锅中置油，油热后加入花椒和葱段、姜末、蒜末炒香。

③ 倒入水，将黑木耳和酥肉放进锅里，加盐、鸡精、白胡椒粉拌匀，盖上盖子，煮开后转小火炖，10 分钟后倒入一点儿陈醋，再炖 10 分钟即可。

·营养贴士· 木耳炖酥肉，有木耳又有肉，营养足够人体的正常需要。

肉丝豆腐

主 料 豆腐 500 克，猪里脊肉 100 克，干辣椒适量

辅 料 植物油 10 克，盐 5 克，鸡精 3 克，葱、姜、酱油、香油、香菜各适量

·操作步骤·

① 豆腐洗净切块；猪里脊洗净切丝；香菜切段；干辣椒洗净晾干；姜洗净切末，葱部分切末，部分切丝。

② 锅中烧开水，焯烫豆腐后捞出沥水，放到铺有香菜的盘中。

③ 另起锅倒植物油加热，爆香葱末、姜末。

④ 下入肉丝翻炒，用盐、鸡精、酱油、香油调味，然后放干红辣椒翻炒均匀，淋在豆腐上，再撒上一些葱丝即可。

·营养贴士· 豆腐富含铁、镁、钾、烟酸、钙、锌、磷、叶酸、维生素 B_1 和维生素 B_6 等营养物质。

水煮烧白

主 料 五花肉1块，香葱适量

辅 料 生抽30克，老抽4克，糖5克，醋、姜片、花椒、大料、干辣椒、豆豉、鲜汤、胡椒粉、味精、料酒、咸菜、大蒜各适量

·操作步骤·

① 五花肉洗净，入冷水锅，添加大料、姜片、花椒烧开，再煮大概20分钟；将糖和醋调匀备用。

② 肉煮熟捞出，去掉表皮污垢晾干，抹上醋糖汁晾10分钟。

③ 锅内烧热油炸肉，炸好后放入沸水中稍微一煮，使肉皮变软后将肉切片，用生抽、老抽和糖调成味汁腌渍。

④ 将肉片平行摆放在碗中，在肉片上铺咸菜、大蒜和姜末，并倒上剩余味汁，放入高压锅中蒸1小时，出锅时将肉倒扣于大碗中。

⑤ 干辣椒切段；锅内烧热油，爆香干辣椒，继续用旺火热锅，炒香豆豉，放入鲜汤、胡椒粉、料酒、味精煮出味，最后浇在肉上，撒香葱即可。

·营养贴士· 这道菜含有丰富的蛋白质和脂肪酸，能够提供血红素，促进铁元素的吸收。

·操作要领· 在煎炸肉片时，肉皮要向下，当肉皮炸至呈棕红色时捞起。

飘香芝麻肉丝

主料：猪里脊500克，熟芝麻少许

辅料：菜油500克，白糖25克，盐4克，八角2克，味精1克，葱、姜、料酒、香油、鲜汤各适量

·操作步骤·

① 葱、姜洗净，切成末；猪里脊洗净，切成长约10厘米的丝，加姜末、葱末、盐、料酒拌匀腌渍约30分钟。

② 锅置火上，下入菜油，待油热下入肉丝，炸至浅黄色时捞出。

③ 锅洗净，置火上，加入鲜汤和里脊丝，待锅开将油沫撇净；下入盐、白糖、八角，开锅后转为小火，收至汁干吐油时，放味精、香油调味。

④ 稍稍收汁，起锅晾凉，装盘撒上熟芝麻即可。

·营养贴士· 猪里脊有补肾养血、滋阴润燥的作用。

香辣肉丝

主料：里脊、青椒各适量

辅料：干辣椒、胡椒、香菜、葱、姜、蒜、麻油、盐、料酒、生抽、糖各适量

·操作步骤·

① 里脊肉切丝，用料酒、生抽、糖、胡椒腌渍入味；香菜切段；青椒切丝；葱切圈；姜、蒜切末。

② 锅中倒油加热，爆香姜末，滑炒里脊至肉色变白，然后放干辣椒、蒜末大火翻炒。

③ 放入香菜段、葱圈、青椒丝翻炒片刻，淋上麻油、盐和胡椒调味，迅速出锅。

·营养贴士· 本道菜具有补肾养血、滋阴润燥的作用。

鱼香肉丝

主 料 冬笋75克，里脊肉120克

辅 料 木耳、胡萝卜各50克，泡椒20克，葱、姜各5克，蒜10克，醋10克，生抽、料酒各5克，糖15克，水淀粉8克，植物油适量

·操作步骤·

① 里脊肉洗净切丝，加料酒、水淀粉和生抽拌匀腌渍10分钟；冬笋、木耳、胡萝卜洗净分别切丝；泡椒、葱、姜、蒜切末；糖、醋、生抽、料酒、水淀粉拌匀制成味汁。

② 锅中热油，下肉丝快速翻炒30秒钟，盛出沥油。

③ 锅留底油，放泡椒末炒香，放葱、姜、蒜末炒香，放冬笋丝、木耳丝和胡萝卜丝翻炒，再倒入肉丝翻炒均匀，将味汁沿炒锅内壁倒入锅中，迅速翻炒均匀即可。

·营养贴士· 此菜具有止血凉血、通便、养肝、消食、健脾、清热解毒的作用。

·操作要领· 用干淀粉加蛋清和少量酱油代替水淀粉，可使肉丝更嫩。

宫保里脊

主 料 猪里脊肉 300 克，花生米 50 克

辅 料 葱、姜、蒜、辣椒豆瓣酱、食用油、食盐、味精各适量

1 准备所需主材料。

2 把葱、姜、蒜切末；里脊肉切成小块。

3 锅内放入食用油，油热后放入肉块炸制全熟，捞出控油。

4 锅内留少许底油，放入葱末、姜末、蒜末爆香；然后放入里脊肉块、辣椒豆瓣酱、花生米，翻炒至熟；最后放入食盐、味精调味即可。

营养贴士：猪里脊肉中含有血红蛋白，可以起到补铁的作用，能够预防贫血。

操作要领：猪里脊肉在炸制时，要采用小火慢炸的方式。

脆皮黄瓜
炒肉泥

主 料 黄瓜皮 300 克，里脊肉 10 克

辅 料 青椒、红椒各 1 个，蒜末 10 克，盐 2 克，味精 3 克，陈醋、色拉油各 10 克，干椒粉 5 克

·操作步骤·

① 黄瓜皮洗净切块，加盐、陈醋、味精腌渍约 30 分钟。

② 青椒、红椒洗净切片；里脊肉洗净剁成肉泥。

③ 锅置火上，倒入色拉油，六成热时下入蒜末、肉泥、青椒、红椒、干椒粉爆香，倒入黄瓜皮翻炒，最后加味精调味即可。

·营养贴士· 脆皮黄瓜具有减肥瘦身、清热解毒的作用。

·操作要领· 脆皮黄瓜可以在超市直接购买，不用自己制作。

生焗娃娃菜

主 料 娃娃菜500克

辅 料 油、食盐、瘦肉、姜丝和酱油各适量

·操作步骤·

① 将娃娃菜洗净，撕成小片。

② 瘦肉切成薄片。

③ 锅内放油加热，然后将肉片炒至微黄。

④ 放入姜丝、食盐、酱油，然后放入娃娃菜，不停翻炒，持续3分钟左右即可出锅。

·营养贴士· 娃娃菜能够增强身体的抵抗力，而且富含胡萝卜素、铁元素和镁元素，可以促进身体吸收钙质。

天府酱排骨

主 料 排骨400克

辅 料 盐6克，葱、姜、酱油、料酒、白糖、桂皮、花椒、八角、陈皮各适量

·操作步骤·

① 排骨洗净，剁成块，焯水后捞出；葱、姜洗净，葱切段，姜切片，葱段、姜片、桂皮、花椒、八角、陈皮制成调料包。

② 锅置火上，加水，下入调料包、盐、酱油、料酒、白糖，烧开制成酱汁。

③ 下入排骨，水沸后转小火，煮至酱汁浓稠，上面再撒些葱花即可。

·营养贴士· 排骨富含蛋白质、维生素、磷酸钙、骨胶原等。

川式风味排骨

主 料 排骨400克，红椒、青椒各20克，洋葱少许

辅 料 植物油10克，盐5克，葱、姜、酱油、红油各适量

·操作步骤·

① 排骨洗净剁成块；红椒、青椒洗净去蒂、籽，切粒；葱、姜洗净切末；洋葱切碎。

② 锅中倒水烧开，焯烫排骨至其变色后捞出洗净。

③ 另起锅，倒入植物油，待油热下入葱末、姜末爆香。

④ 下入排骨翻炒片刻，加适量水和盐焖煮至熟，然后下入红椒、青椒、洋葱粒翻炒，调入盐、酱油、红油翻炒均匀即可。

·营养贴士· 这道菜具有益精补血、维护骨骼健康的作用。

·操作要领· 出锅之前可用水淀粉勾芡，这样味道更好。

老干妈排骨

主料 排骨500克，青椒、红椒各适量

辅料 盐5克，葱、姜、酱油、老干妈辣酱、植物油各适量

·操作步骤·

① 排骨洗净，剁成块，焯水后捞出；葱、姜洗净，切末；青椒、红椒洗净，去蒂、籽，切片。

② 另起锅，加水，放入排骨，煮至八成熟捞出，沥水。

③ 锅置火上，倒入植物油，待油热下入排骨，炸至排骨变成黄色捞出，控油。

④ 用底油爆香葱末、姜末，下入排骨翻炒片刻。下入老干妈辣酱、青椒片、红椒片翻炒，调入盐、酱油，翻炒均匀即可。

·营养贴士· 这道菜具有开胃下饭、滋阴润燥、补充钙质的作用。

川式一锅鲜

主料 排骨350克，木耳200克，蘑菇适量

辅料 植物油10克，高汤800克，盐、鸡精、葱、枸杞适量

·操作步骤·

① 排骨洗净，剁成段，焯水后捞出；葱切段；木耳泡发洗净，切块；蘑菇洗净。

② 锅置火上，倒入植物油，待油热下入排骨翻炒片刻。

③ 下入木耳、蘑菇、葱段翻炒，注入适量高汤炖煮至排骨熟烂。

④ 调入盐和鸡精，搅拌均匀，最后撒上些许枸杞即可。

·营养贴士· 木耳具有益气强身、滋肾养胃的作用。

板栗玉米
煲排骨

主料 排骨500克，甜玉米、栗子肉各适量

辅料 红枣、枸杞子各10克，葱段、姜片各5克，黄酒20克，盐、胡椒粉各适量

·操作步骤·

① 排骨洗净冷水入锅焯烫过凉；甜玉米洗净切段，栗子用清水浸泡片刻待用；汤煲中加热水，放葱段、姜片、黄酒后再加入排骨。

② 加盖大火煮开，后转小火炖煮20分钟，然后加入甜玉米、栗子肉、红枣和枸杞子，小火炖煮30分钟，加入盐和胡椒粉调味，大火煮开关火。

·营养贴士· 玉米性平、味甘，有开胃、健脾、除湿、利尿等作用。

·操作要领· 排骨用冷水焯烫可以更好清除血水和异味；最好用甜玉米来煲汤，口感清透香甜。

玉米烧排骨

主 料 排骨 200 克，玉米 250 克

辅 料 植物油、料酒、姜片、生抽、老抽、蚝油、盐、冰糖、胡椒粉各适量

·操作步骤·

① 排骨斩小块洗净，在清水中浸泡 20 分钟后捞出沥干，用料酒、姜片、生抽、老抽、蚝油腌 30 分钟左右；玉米洗净，斩成与排骨大小相当的块备用。

② 热锅加植物油，油热后，放入腌好的排骨煎至边缘略有些金黄；加入姜片煸香，倒入玉米块略炒，加入足够清水（没过全部食材），用盐、冰糖调味，盖上锅盖，大火烧开，转中小火焖 40 分钟。

③ 加入胡椒粉提味，大火将汤汁收到浓稠即可。

·营养贴士· 本道菜具有缓解溃疡、益气固脱的作用。

蒜泥血肠

主 料 血肠 300 克

辅 料 老汤 500 克，蒜 3 瓣，姜 8 克，生抽、醋各适量，香油、食盐各少许

·操作步骤·

① 蒜先切成小块，再放入碗中捣成泥；姜切末。

② 血肠在冷水中浸泡片刻，放入沸水锅中氽烫 30 秒，捞出控水。

③ 锅中烧开老汤，加入氽过水的血肠煮开，继续煮 3 分钟关火，捞出晾凉，切成片，摆入盘中。

④ 蒜泥、姜末、生抽、香油、醋、食盐放入小碗内拌匀，食用时当蘸料即可。

·营养贴士· 猪血是理想的补血食品，有解毒清肠、补血美容的作用。但是猪血不适宜与黄豆同吃，否则会引起消化不良。

蒜香骨

主 料 排骨500克

辅 料 蒜1头，生抽、料酒、大蒜粉、老抽、糖、盐、生粉、油各适量

·操作步骤·

① 排骨洗净切块；蒜捣成蒜泥。

② 把排骨放在一个容器内，倒入蒜泥、生抽、料酒、盐、大蒜粉、老抽以及少许糖抓匀，用保鲜袋封口，在冰箱内腌渍5个小时，腌渍所产生的料汁备用。

③ 从冰箱里取出排骨，放于另外一个容器内，放生粉，再倒入一点腌渍排骨的料汁抓匀。

④ 锅加油烧热，慢慢煎炸排骨，注意翻面，待筷子能够轻松戳穿排骨肉后即可出锅装盘。

·营养贴士· 这道菜具有补中益气、滋养脾胃、强健筋骨、增强体力的作用。

·操作要领· 煎炸排骨要用中火，大火煎排骨的话会因油温太高而使排骨外面焦而里面熟不透。

豆豉蒸排骨

主 料：排骨 400 克，油菜 2 棵，豆豉 1 小碟

辅 料：葱花、酱油、白糖、料酒、蚝油、食盐、味精各适量

准备所需主材料。

将排骨切成适口小块，放入碗内，再放入豆豉、蚝油、料酒、酱油、白糖、食盐、味精搅拌均匀；将油菜择洗干净，放入沸水中焯一下。

将排骨放入锅内蒸熟。

将油菜铺入盘底，将排骨装盘，最后撒上葱花即可。

营养贴士：排骨可以提供人体生理活动必需的蛋白质、脂肪，还能提供丰富的钙质。

操作要领：蒸排骨时，先大火开锅，后改小火慢蒸。

香醋猪蹄

主 料 猪蹄1只，老姜1块

辅 料 干辣椒、酱油、蒜、糖、老醋各适量

·操作步骤·

① 猪蹄去毛，剁成块；蒜切碎。

② 将猪蹄放入沸水中汆烫，去除血水洗净。

③ 姜切末，与猪蹄一起放入油锅炒，当出油的时候添加蒜碎、干辣椒、酱油和老醋煮沸。

④ 加清水，没过以上所有食材，煮至猪蹄软烂，拣出干辣椒，最后加糖调味即可。

·营养贴士· 猪蹄含有丰富的胶原蛋白，脂肪含量也比肥肉低，能增强皮肤弹性和韧性，对延缓衰老和促进儿童生长发育都具有一定作用。

·操作要领· 在锅中炒猪蹄时不用放油，因为猪蹄本身含有脂肪。

香辣沸腾蹄

主 料 猪蹄 2 只

辅 料 植物油 15 克，料酒 10 克，糖 8 克，香葱、盐、陈皮、香叶、八角、花椒、干辣椒、熟芝麻、姜、葱、酱油各适量

·操作步骤·

① 猪蹄去毛，剁小块，冷水下锅，沸水焯烫，再过冷水去血沫；葱、姜洗净，葱切段，姜切片；香葱切末。

② 冲净的猪蹄放入高压锅，加姜片、葱段、酱油、料酒、糖、盐、陈皮、香叶、八角，焖煮 20 分钟后将猪蹄捞出。

③ 锅置火上，倒入植物油，待油热下入花椒、姜片、葱段爆香，下入干辣椒翻炒，待炒出辣味后下入猪蹄，继续翻炒。

④ 加入适量清水，大火焖煮片刻，待水收干后出锅，撒上熟芝麻、香葱末即可。

·营养贴士· 猪蹄具有强筋壮骨的作用，适合身体瘦弱者。

泡椒肥肠

主 料 肥肠半成品 400 克，莴笋、泡椒、蒜瓣适量

辅 料 泡姜 50 克，白酒 6 克，花椒 5 克，白糖 2 克，食用油、葱、姜、盐、鸡精、酱油各适量

·操作步骤·

① 肥肠清洗干净，切段，焯水；莴笋洗净切块。

② 泡姜洗净，切片；葱、姜洗净，切末。

③ 锅置火上，倒入植物油，待油热下入莴笋、葱末、姜末、蒜瓣、花椒爆香，下入泡姜、泡椒煸炒出味。

④ 下入白酒、肥肠，翻炒至熟，再下入白糖、盐、鸡精、酱油调味，翻炒均匀即可。

·营养贴士· 肥肠有润燥、补虚、止血的作用。

双椒肥肠

主料 卤肥肠400克，青椒、红椒各适量

辅料 植物油10克，料酒5克，盐4克，葱、姜、蒜、鸡精、酱油各适量

·操作步骤·

① 肥肠清洗干净，切段，焯水；青椒、红椒洗净，去蒂切段；葱、姜、蒜洗净，切末。

② 锅置火上，倒入植物油，待油热下入葱末、姜末、蒜末爆香。

③ 下入料酒、肥肠，翻炒至八成熟时下入青椒段、红椒段，继续翻炒至熟。下入盐、鸡精、酱油调味，翻炒均匀即可。

·营养贴士· 肥肠性寒，味甘，有润肠的作用。

·操作要领· 卤好的肥肠本身具有盐分，加盐的时候要适量。

土豆烧肥肠

主料 小土豆500克，肥肠500克

辅料 油、食盐、花椒、青椒、红椒、豆瓣、蒜、姜、八角各适量

·操作步骤·

① 将肥肠切块，洗净晾干备用；小土豆去皮；青椒、红椒洗净切片；姜切片；蒜切片。

② 锅中放油加热，晾凉后加花椒，用文火炒出香味，然后拣出花椒。

③ 锅中放入青椒、红椒翻炒，再加入盐、豆瓣、蒜片、姜片，用小火翻炒，香味扑鼻时加入八角翻炒。

④ 放入肥肠翻炒，加水小火炖煮，最后加入小土豆继续炖煮，直至收干汤汁即可出锅。

·营养贴士· 本道菜具有润肠补虚、止渴止血的作用。

麻辣爽脆猪肚

主料 猪肚200克，香芹、绿豆芽各50克

辅料 辣椒油20克，醋10克，葱油8克，食盐3克，鸡精2克，植物油适量，鲜青麻椒、麻油各少许

·操作步骤·

① 熟猪肚切成长5厘米的条。

② 香芹择去叶子，洗净切段，绿豆芽择去两头，洗净，分别焯熟，过凉水，沥干水分。

③ 锅中放适量植物油，下入鲜青麻椒炸香，制成麻油。

④ 碗中放入食盐、鸡精、葱油、少许麻油、辣椒油、醋、香芹段、豆芽、猪肚拌匀，入盘即成。

·营养贴士· 猪肚具有治虚劳羸弱、小儿疳积的作用。

肥肠毛血旺

主料 鸭血300克，牛百叶250克，黄豆芽100克，莴笋1根，黄鳝2条，火腿、肥肠各50克

辅料 红油火锅底料、郫县豆瓣酱各50克，生抽15克，料酒20克，白糖10克，蒜瓣6个，味精、香油、葱、姜、食用油、精盐、红辣椒段、花椒、香菜各适量

·操作步骤·

① 莴笋去皮切块，放入锅中加少许精盐，焯烫后捞出过凉；黄豆芽洗净，焯烫2分钟过凉；牛百叶焯烫后捞出过凉；肥肠洗净切段，焯烫捞出晾凉；去骨的黄鳝切片放入沸水中焯烫，洗去上面的黏液；鸭血切块煮上2分钟，过凉备用；姜、蒜切末；葱切花。

② 锅置火上，加入香油，放入花椒、红辣椒爆香，制成麻辣油。

③ 另取一锅，放入食用油，烧至五成热，放入葱花、姜末、蒜末爆香，加入郫县豆瓣酱和红油火锅底料炒出香味，加适量水，放入鸭血块、黄鳝片、生抽、白糖、料酒煮5~8分钟，放入牛百叶、肥肠、黄豆芽、莴笋、火腿煮2~3分钟，加精盐、味精调味关火，倒入制好的麻辣油即可。

④ 下鸭血，沸水煮20分钟，加入盐、鸡精调味即可，最后撒上一些香菜段即可。

·营养贴士· 鸭血富含铁、钙等多种矿物质，营养丰富。

·操作要领· 所有食材分别烫一下，可以使煮好的毛血旺汤清透红亮，口味更佳。

卤猪大肠

主 料 猪大肠300克，卤汁1碗，葱2根

辅 料 姜片、食盐各适量

操作步骤

1 准备所需主材料。

2 将葱切段，锅内放入适量水，放入大肠、葱段、姜片炖煮片刻。

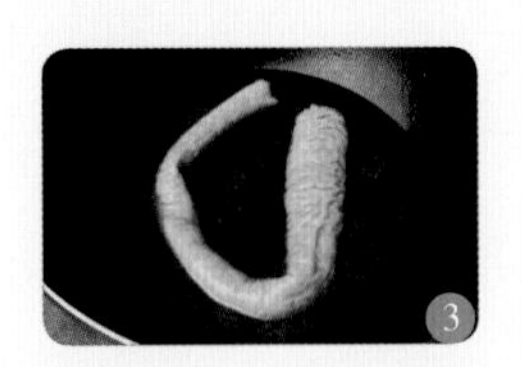

3 捞出葱段、姜片，将卤汁、食盐放入锅内，将大肠煮至全熟。

4 把猪大肠捞出后切成小段。把葱段铺在盘底，将猪大肠段盖在葱段上即可。

烹饪心得

营养贴士：猪大肠有润燥、补虚、止渴止血的作用。

操作要领：把猪大肠用可乐腌渍半小时，再用淘米水搓洗，能迅速洗去猪大肠的异味。

莴笋烧肚条

主 料 猪肚 500 克，莴笋 200 克

辅 料 青椒、红椒各适量，大蒜 2 头，植物油 50 克，精盐、胡椒粉各 1 小匙，味精、白糖各 1/2 小匙，料酒 1 大匙，水淀粉 25 克，清汤 150 克

·操作步骤·

① 莴笋去掉叶子，去皮，去老根部，切条；青椒、红椒分别去蒂及籽，洗净后切成条；蒜瓣去皮，洗净备用。

② 将猪肚洗涤整理干净，放入锅中，加水煮约 90 分钟至软烂，捞出沥干，晾凉后切成宽条待用。

③ 坐锅点火，加油烧至六成热，先下入蒜瓣炒香，再放入肚条，烹入料酒，添入清汤，加入莴笋条、精盐、胡椒粉、白糖、青椒、红椒，小火翻炒 2 分钟，然后放入味精调味，用水淀粉勾芡，即可装盘上桌。

·营养贴士· 本菜品具有补虚损、健脾胃的作用。

·操作要领· 呈淡绿色、黏膜模糊、组织松弛、易破、有腐败恶臭气味的肚条不要选购。

野山椒腰花

主 料 猪腰300克，红椒、青椒各适量

辅 料 野山椒25克，泡姜20克，白酒6克，食用油、葱、姜、蒜、盐、鸡精、酱油、水淀粉各适量

·操作步骤·

① 猪腰横刀剖开，去掉筋膜，切成腰花，片成大片，用清水冲洗干净，沥干水分；红椒、青椒去蒂，切段；泡姜洗净，切片；葱、姜、蒜洗净，切末。

② 锅置火上，加水，待水开后放入腰花焯烫，捞出沥水。

③ 另起锅，倒入植物油，待油热下入葱末、姜末、蒜末爆香。

④ 下入泡姜和野山椒炒出香味，下入腰花、白酒继续煸炒，接着下入红椒、青椒段，加入盐、鸡精、酱油翻炒均匀，用水淀粉勾芡即可。

·营养贴士· 猪腰含有蛋白质、脂肪、糖类、钙、磷、铁和维生素等。

豆豉辣酱炒腰花

主 料 腰花2个

辅 料 老干妈豆豉辣酱15克，料酒、植物油各适量，姜片、蒜末、姜末、干辣椒、盐、葱各适量

·操作步骤·

① 腰花切两瓣，去掉里面的白膜，然后放清水中浸泡出血水。

② 泡好的腰花切十字花刀，切好备用；葱、干辣椒均切成段。

③ 锅中放水烧开，加入姜片和料酒，下腰花烫至变色后捞出备用。

④ 锅中热植物油，爆香姜末、蒜末、葱段，下入干辣椒段煸香，再加入料酒、腰花同炒，加入老干妈豆豉辣酱炒匀，起锅前加入盐调味即可。

·营养贴士· 猪腰具有补肾气、通膀胱、消积滞、止消渴的作用，可用于治疗肾虚腰痛、水肿等症。

酸辣腰花

主 料 猪腰 600 克，泡菜 100 克，红椒 50 克，水发香菇 20 克

辅 料 精盐 3 克，酱油 5 克，味精 2 克，料酒 10 克，香油 8 克，湿淀粉 20 克，大蒜 20 克，猪油（板油）40 克

·操作步骤·

① 猪腰撕去皮膜，片成两半，再片去腰臊洗净，在表面斜剞一字花刀，翻过来再斜剞一字花刀，切成斜方块，装入盘内，用精盐拌匀，加湿淀粉浆好；水发香菇去蒂洗净，切块；泡菜切长片；红椒去蒂、去籽洗净，切菱形片；大蒜择洗净切片。

② 将猪油烧热，放入腰花，滑至八成熟，倒入漏勺滤油。

③ 锅内留底油，放入泡菜、香菇、红椒、大蒜炒一下，烹入料酒，加精盐、酱油、味精，倒入滑熟的腰花，翻炒几下，用湿淀粉调稀勾芡，再淋入香油即可。

·营养贴士· 本道菜有补肾益气、开胃健脾的作用。

·操作要领· 处理猪腰的时候，一定要将里面的筋膜清理干净，以减少骚臭味。

水豆豉爆腰片

主 料 猪腰500克，青椒20克，红椒20克

辅 料 水豆豉50克，姜3克，蒜3克，植物油20克，料酒10克，糖、醋各2克，淀粉5克，食盐3克，辣椒油5克，西蓝花和黄瓜片各适量

·操作步骤·

① 猪腰剖开，去除杂质后洗净切片；淀粉加水调成湿淀粉；姜、蒜切末；青椒与红椒切斜段。

② 食盐、料酒、糖、醋、水和湿淀粉调成芡汁。

③ 锅中烧油加热，放入腰片爆炒，断生后捞出备用。

④ 锅中放入水豆豉、姜蒜末、青椒与红椒段炒香，最后放入腰片翻炒，调入芡汁炒匀，再放一些辣椒油，并在盘中点缀上西蓝花和黄瓜片。

·营养贴士· 本道菜具有健脾开胃、壮腰健肾的作用。

爆炒腰花

主 料 猪腰1对

辅 料 红辣椒、丝瓜片各少许，鸡蛋1个，植物油、绍酒、酱油、醋、白糖、精盐、鸡精、葱末、蒜末、姜片、水淀粉各适量

·操作步骤·

① 猪腰片成两半，除脂皮，片去腰臊，切斜“十字花刀”，然后改切成片，加蛋清及少许水淀粉拌均匀。

② 取小碗加入酱油、白糖、醋、精盐、鸡精、水淀粉调拌匀，兑成芡汁。

③ 炒锅加油，烧至八成热时，下入浆好的腰花，滑散、滑透，倒入漏勺，原锅留少许油，用葱、姜、蒜、红辣椒炝锅，烹绍酒，下入丝瓜片煸炒，再放入腰花，淋入兑好的芡汁，翻熘均匀，出锅装盘即可。

·营养贴士· 本菜品具有治疗腰酸腰痛、遗精、盗汗的作用。

老干妈猪肝

主 料 猪肝 300 克，青椒、红椒各 50 克

辅 料 老干妈辣酱 15 克，盐、鸡精各 2 克，葱、姜、蒜、淀粉、植物油、酱油各适量

·操作步骤·

① 猪肝洗净，切片，放入清水中浸泡，浸泡过程中换两次水；青椒、红椒去蒂、籽，切块；葱、姜、蒜洗净，切末。

② 捞出猪肝，控干水分，用淀粉抓匀后过水焯一下，捞出沥干。

③ 锅置火上，下入植物油，待油热后下入葱末、姜末、蒜末爆香，下入猪肝翻炒。

④ 下入青椒、红椒块翻炒几下，加入老干妈辣酱继续翻炒，调入盐、鸡精、酱油，翻炒均匀即可。

·营养贴士· 猪肝中含有丰富的维生素 A，能保护眼睛，维持正常视力，缓解眼睛干涩、疲劳，维持健康的肤色，具有美容作用。

·操作要领· 用淀粉抓裹猪肝，能保持猪肝的鲜嫩口感。

炒猪肝菠菜

主 料 猪肝200克，菠菜100克，圣女果4个，豆芽、水淀粉各适量

辅 料 辣椒酱、姜粉、食用油、食盐、味精各适量

操作步骤

1 准备所需主材料。

2 将圣女果去蒂、切片；菠菜切段；豆芽洗择干净。将猪肝切片后，放入碗内，把湿淀粉倒入碗内，搅拌均匀。

3 向碗内放入半勺姜粉，搅拌均匀。

4 锅内放入食用油，油热后放入猪肝、辣椒酱翻炒，将熟时放入豆芽、菠菜翻炒，至熟后放入食盐、味精调味，翻炒均匀，最后放入圣女果片点缀即可。

营养贴士：菠菜是胡萝卜素、维生素B_6、叶酸、铁和钾的极佳来源。

操作要领：炒制猪肝的时间不宜过长，否则猪肝炒老后，就没有软嫩的口感了。

木耳肝片

主 料 木耳 100 克，猪肝 400 克

辅 料 蒜、葱、姜、胡椒粉、料酒、盐、淀粉、油、老抽各适量

·操作步骤·

① 干木耳泡发；猪肝切三角片后，冲去血水；蒜切片；葱切斜段；姜切丝。

② 猪肝用姜丝、胡椒粉、料酒、盐腌渍均匀后，加入淀粉上浆，然后放入少许油。

③ 炒锅内倒入少量油，爆香蒜片后放入木耳炒香，翻炒均匀后放入一点盐调味，捞出备用。

④ 锅里热油，放入猪肝滑炒至变色，倒入老抽均匀上色，接着放入木耳同炒，最后放入葱段翻炒均匀，再加些盐调味，即可出锅。

·营养贴士· 这道菜具有补肝明目、养血、增强人体的免疫反应、防衰老的作用。

·操作要领· 滑炒肝片的时候要多放油，这样肝片才会嫩。

青椒煸猪耳

主料 青椒、猪耳各适量

辅料 红椒30克，植物油10克，酱油6克，盐、鸡精、葱、姜、料酒各适量

·操作步骤·

① 猪耳去毛刮洗干净，焯水后捞出洗净；青椒、红椒洗净，去蒂、籽，切条；葱、姜洗净，切末。

② 锅置火上，注水，加入适量盐和料酒，开锅后放入猪耳，煮至猪耳熟透，捞出晾凉后切条。

③ 另起锅，下入植物油，待油热下入葱末、姜末爆香。

④ 下入猪耳条，翻炒片刻，下入青椒条、红椒条继续翻炒，下入盐、鸡精、酱油调味，翻炒均匀即可。

·营养贴士· 猪耳具有健脾胃的作用，适合气血虚损、身体瘦弱者食用。

辣椒炒香肠

主料 香肠300克

辅料 植物油8克，红椒30克，青椒30克，洋葱10克，葱白10克，鸡精2克，盐、酱油、香油各3克

·操作步骤·

① 香肠清洗干净，切片；红椒清洗干净，切条；青椒洗净切条；洋葱、葱白洗净，切片。

② 锅置火上，下入植物油，待油热后下入辣椒段爆香。

③ 下入香肠，煸炒出香味，下入青椒条、洋葱片和葱片炒匀。

④ 下入盐、鸡精、酱油调味，淋上香油即可。

·营养贴士· 香肠能够增进食欲。

四川炒猪肝

主料 猪肝500克

辅料 洋葱200克，干辣椒碎、花椒、红油、姜、蒜、精盐、味精、植物油各适量

·操作步骤·

① 猪肝在水龙头下反复冲洗至没有血水，然后在清水中泡30分钟，取出切成片状，再用水反复冲洗至没有血水后投入沸水中，煮1~2分钟后用漏勺捞起，用凉水冲凉，沥干待用。

② 洋葱洗净剥去外皮，切成粗丝；干辣椒切碎；姜、蒜切末。

③ 锅中倒植物油烧热，放入姜末、蒜末、花椒、干辣椒碎炒香，放入猪肝爆炒，加入洋葱翻炒至八成熟，加入精盐、味精、红油，翻炒至熟即可。

·营养贴士· 猪肝中铁质丰富，是补血食品中最常见的食物之一，食用猪肝可调节和改善贫血病人造血系统的生理功能。

·操作要领· 猪肝已经焯水，不要炒太长时间，猪肝老了会影响口感。

小炒腊猪脸

主 料 腊猪脸400克，红椒、青蒜各适量

辅 料 植物油10克，酱油5克，葱、姜、蒜、盐、鸡精、料酒各适量

·操作步骤·

① 腊猪脸洗净，煮熟，切片；红椒洗净，去蒂、籽，切段；青蒜洗净，切段；葱、姜、蒜洗净，切末。

② 锅置火上，下入植物油，待油热下入葱末、姜末、蒜末爆香。

③ 下入腊猪脸煸炒片刻，下入料酒、红椒块、青蒜段继续翻炒。

④ 下入盐、鸡精、酱油调味，翻炒均匀即可。

·营养贴士· 腊猪脸富含胶原蛋白，有美容作用。

蜀香小炒黄牛肉

主 料 黄牛肉400克，青椒、红椒各适量

辅 料 植物油10克，盐、鸡精各3克，葱、姜、蒜、酱油、芹菜段各适量

·操作步骤·

① 黄牛肉洗净，切片，用酱油腌渍；青椒、红椒洗净，去蒂，切圈；葱、姜、蒜洗净，切末。

② 锅置火上，下入植物油，待油热后下入葱末、姜末、蒜末爆香。

③ 下入牛肉片煸炒片刻，下入青椒圈、红椒圈、芹菜段继续翻炒。

④ 下入盐、鸡精、酱油调味，翻炒均匀即可。

·营养贴士· 黄牛肉具有温补脾胃、益气养血的作用。

酱猪尾

主 料 猪尾 500 克

辅 料 老汤 1500 克，酱油 100 克，食盐 150 克，糖 150 克，味精 20 克，八角 2 粒，陈皮 3 克，茴香 10 克，草果 3 克，肉蔻 8 克，香叶 3 克，葱 2 棵，姜 1 块

·操作步骤·

① 猪尾氽烫一下，去除猪毛，洗净备用；锅中放水，加糖，小火慢煮至暗红色，再加水煮开，晾凉后成为糖色。

② 将八角、陈皮、茴香、草果、肉蔻、香叶、葱（少量葱切花留在后面使用）和姜放在一起，制成酱料包，放入老汤中煮沸，然后加入熬好的糖、酱油、食盐和味精，熬成酱汤。

③ 在酱汤中放入猪尾，用小火烧开，关火 30 分钟以后再次烧开，这样反复 3 次。

④ 最后将猪尾捞出晾凉，切成小段盛在盘子里，在上面撒上一些葱花即可。

·营养贴士· 本道菜具有补阴益髓、预防骨质疏松的作用。

·操作要领· 在烧猪尾时，酱汤不要煮到汤汁翻滚，要用小火慢煮，这样可以避免破坏猪尾的表皮。

黄豆烩牛肉

主料 牛肉300克，黄豆50克

辅料 姜片、葱花、番茄酱汁、食用油、食盐、味精各适量

操作步骤

准备所需主材料。

将牛肉切成适口小块。

锅内放入食用油，油热后放入姜片炝锅，然后放入肉丁翻炒。

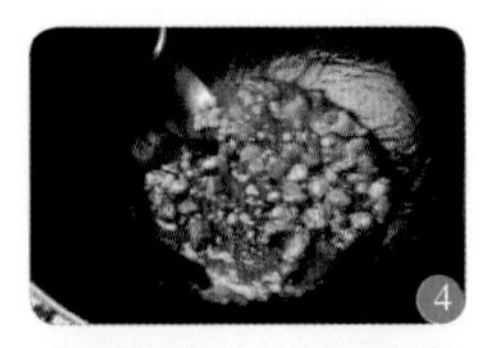
再放入酱汁、黄豆翻炒均匀，至熟后放入食盐、味精调味，最后撒上葱花即可。

营养贴士：牛肉属高蛋白、低脂肪的食物，富含多种氨基酸和矿物质元素，具有吸收率高等特点。

操作要领：黄豆在使用前，一定要先放入温水中泡至发胀。

爆炒牛肉

主 料 牛通脊肉 240 克

辅 料 大葱 1 根，木耳 1 朵，蒜片、姜末、料酒、白胡椒粉、生抽、蚝油、十三香（或五香粉）、湿淀粉、食用油、盐、味精、熟芝麻各适量

·操作步骤·

① 牛肉冲洗切成薄片，用适量的料酒、十三香、生抽、蚝油、白胡椒粉、湿淀粉、食用油腌渍 20 分钟入味解腥；大葱改刀，少许切葱花，剩余的切葱段；木耳泡发洗净撕成片。

② 锅中倒少许油爆香葱花和蒜片、姜末，放入腌好的肉片，迅速煸炒至变色，放入葱段、木耳翻炒，加盐、味精、熟芝麻，翻炒均匀后出锅。

·营养贴士· 大葱能降血脂、降血压、降血糖；牛肉可以补铁，增强体质。

·操作要领· 全程大火操作，动作要快，否则牛肉会老。

金针银丝煮肥牛

主 料 肥牛片250克，金针菇300克，粉丝（水发后）100克

辅 料 姜片15克，干辣椒10克，鸡汤150克，盐、胡椒粉、生抽、绍酒、花生油、辣椒酱、葱花各适量

·操作步骤·

① 肥牛片洗净，以盐、胡椒粉、生抽拌匀备用。

② 金针菇洗净，切去尾部的老根，备用。

③ 热锅下花生油，爆香干辣椒、姜片，点少许绍酒，下鸡汤，放入金针菇和粉丝煮开，然后下肥牛片，煮开后以盐、胡椒粉、辣椒酱调味，稍作收汁，撒上葱花即可。

·营养贴士· 肥牛具有补脾胃、益气血、消水肿等作用。

青椒炒酱肉

主 料 酱肉150克，青椒100克

辅 料 食用油、食盐、味精各适量

·操作步骤·

① 先烧开水，煮熟酱肉；青椒切条。

② 炒锅放油烧热后下青椒条，调入少量食盐煸炒2分钟。

③ 放酱肉炒出油。

④ 将煸好的青椒条放进去翻炒几下，最后撒上少量味精拌匀即可。

·营养贴士· 酱肉可以暖胃，具有补中益气、滋养脾胃的作用。

手撕腊牛肉

主 料 农家腊牛肉 300 克

辅 料 红尖椒 100 克，鲜大蒜 50 克，植物油 150 克，盐 10 克，味精、香油各少许，陈醋 20 克

·操作步骤·

① 将农家腊牛肉蒸熟，撕成细丝；红尖椒切丝；鲜大蒜切丝。

② 锅内放植物油，烧至七成热，下入牛肉丝煸炒，烹入陈醋，出锅待用。

③ 锅内留油，放入红椒丝、蒜丝和牛肉丝煸炒，加味精、香油调味出锅，装盘即成。

·营养贴士· 牛肉含有大量的蛋白质、脂肪、维生素 B_1、维生素 B_2、钙、磷、铁等成分，尤其含人体必需的氨基酸甚多，故营养价值较高。

·操作要领· 将腊牛肉撕成细丝时，先顺着肉的纹理揉几下，使肉变得松散，会更容易撕成细丝。另外，在烹制腊牛肉丝时咸味要适中。

麻辣牛肉丝

主 料 鲜牛肉 2500 克

辅 料 干辣椒面 75 克，整花椒 5 克，整姜、葱段各 50 克，姜末 25 克，酱油 150 克，花椒面 20 克，盐 30 克，白糖、料酒、红油辣椒、熟芝麻、味精、香油、花生油、清汤各适量

·操作步骤·

① 鲜牛肉去筋，切成 500 克重的块，放入清水锅内烧开，打尽浮沫，加入拍破的整姜和葱段、整花椒，微火煮至断生捞起，晾凉后切成粗丝，放入六成熟的油锅中炸干水分，铲起。

② 锅内留余油，下干辣椒面、姜末，微火炒成红色后加清汤，放入牛肉丝（汤要淹过肉丝），加盐、酱油、白糖、料酒，烧开后移至微火慢煨。

③ 勤翻锅，汤干汁浓时加味精、红油辣椒、香油调匀，起锅装盘，撒花椒面、熟芝麻，拌匀即成。

·营养贴士· 牛肉有补中益气、滋养脾胃、强健筋骨、化痰息风、止渴止涎的作用。

灯影牛肉

主 料 牛肉 500 克

辅 料 糖 5 克，绍酒、酱油各 5 克，蒜泥、花椒粉、味精、精盐、熟白芝麻各少许，红油、植物油各适量

·操作步骤·

① 将洗净的牛肉上笼蒸熟，切成片，越薄越好。

② 锅中入植物油烧至七成热时，将牛肉片放入锅内，炸至稍有油色（金黄色）取出。

③ 另取一个锅，放入少许植物油，放入蒜泥、酱油、糖，再将牛肉片倒入锅内翻炒几下，加绍酒炒匀，加入精盐、味精调味，出锅前淋红油，撒上花椒粉、熟白芝麻即可。

·营养贴士· 寒冬食牛肉，有暖胃作用，为寒冬补益佳品。

芹香牛肉丝

主 料 芹菜100克，牛肉30克

辅 料 红椒1个，姜末5克，精盐3/5小匙，味精2/5小匙，酱油1小匙，植物油25克，豆干适量

·操作步骤·

① 牛肉洗净切丝；芹菜择去老叶、黄叶，取茎部，洗净掰成段；红椒洗净，去蒂、籽，切末。

② 炒锅置于旺火上烧热，锅中倒入植物油烧至六成热时，放入豆干炒至黄色盛起备用。

③ 锅内留少量植物油，放入姜末、红椒煸香，加入肉丝略炒，再加入芹菜、酱油、精盐，最后加入味精翻炒均匀入味，出锅装盘即可。

·营养贴士· 本菜品具有治疗痛风的作用。

·操作要领· 菜最好不要用刀切段，用手揪成一段一段的，芹菜纤维的口感才爽脆。

豆花牛肉

主 料 牛肉 200 克，豆花 200 克，西蓝花 50 克，辣豆瓣酱适量

辅 料 食用油、食盐、味精各适量

操作步骤

准备所需主材料。

将豆花切成小块，将牛肉切成片。

将西蓝花切块后，放入沸水中焯一下。

锅内放入食用油，油热后放入牛肉翻炒片刻，加入适量水，放入豆花、辣豆瓣酱炖煮。牛肉快熟时，放入西蓝花。炒熟后加入食盐、味精调味即可。

营养贴士：豆花的蛋白质含量丰富，而且属完全蛋白，不仅含有人体必需的八种氨基酸，而且其比例也接近人体需要，营养价值较高，具有降低血脂、保护血管细胞、预防心血管疾病的作用。

操作要领：豆花易碎，所以不要翻炒，要等锅内放入水后再放进锅里。

爽口嫩牛肉

主 料 牛肉400克，洋葱适量

辅 料 植物油8克，盐、鸡精各3克，葱、姜、酱油、红油、水淀粉、熟芝麻各适量

·操作步骤·

① 牛肉洗净，切片，用酱油、水淀粉抓匀；洋葱洗净，切条；姜洗净，切末；葱洗净切花。

② 锅置火上，下入植物油，待油热后下入葱末、姜末爆香。

③ 下入牛肉片翻炒片刻，下入洋葱、红油继续翻炒。

④ 下入盐、鸡精、酱油调味，翻炒均匀，最后撒上一些葱花和芝麻即可。

·营养贴士· 牛肉具有强筋壮骨、补虚养血、化痰息风的作用。

·操作要领· 牛肉片用水淀粉抓一下，能使牛肉更加嫩滑。

干锅香辣毛肚

主 料 毛肚400克，香葱适量

辅 料 植物油10克，盐5克，红椒、青椒、葱、姜、蒜、酱油、料酒各适量

·操作步骤·

① 毛肚洗净，切片；香葱洗净，切段；青椒与红椒洗净，切圈；葱、姜、蒜洗净，切末。

② 锅中放水加热，加盐和料酒，开锅后放毛肚焯烫，然后捞出沥水。

③ 另起锅，倒植物油，待油热后下葱末、姜末、蒜末、青椒与红椒段爆香。

④ 下入毛肚翻炒片刻，调入盐、酱油、料酒，加入香葱段翻炒均匀即可。

·营养贴士· 毛肚含蛋白质、脂肪、钙、磷、铁、硫胺素、核黄素等，具有补益脾胃、补气养血、补虚益精的作用。

鱼香牛柳

主 料 牛柳400克，蒜薹适量

辅 料 植物油10克，盐、鸡精各3克，葱、姜、酱油、豆瓣酱、醋、白糖、水淀粉各适量

·操作步骤·

① 牛柳洗净，切片，用水淀粉抓匀；蒜薹洗净，切段；葱、姜洗净，切末；盐、鸡精、酱油、豆瓣酱、醋、白糖调成味汁。

② 锅置火上，下入植物油，待油热下入葱末、姜末爆香。

③ 下入牛柳片，翻炒至变色，下入蒜薹翻炒至熟。

④ 下入味汁，翻炒均匀，用水淀粉勾芡即可。

·营养贴士· 牛柳中含有大量的铁，多食用牛肉有助于防治缺铁性贫血。

辣子羊血

主 料 羊血 500 克，芹菜适量

辅 料 植物油 10 克，盐、鸡精各 5 克，葱、姜、蒜、干辣椒、酱油、辣椒油、料酒各适量

·操作步骤·

① 羊血洗净，切块；芹菜择好，洗净；葱、姜、蒜洗净，切末；干辣椒洗净，切段。

② 锅置火上，注水，加入适量盐和料酒，开锅后放入羊血块，炒烫一下后捞出沥水。

③ 另起锅，下入植物油，待油热下入葱末、姜末、蒜末、干辣椒段爆香。

④ 加入适量水、酱油、辣椒油，水沸后加入羊血，最后加入盐、鸡精调味，撒上葱花、芹菜即可。

·营养贴士· 羊血性平、味咸，有活血、补血、止血化瘀的作用。

·操作要领· 羊血先焯一下，不仅能去除杂质，烹制的时候也不易碎。

香辣啤酒羊肉

主 料 羊肉350克，啤酒80克，青蒜、蒜薹适量

辅 料 盐3克，生抽5克，干辣椒20克，植物油、葱、姜各适量

·操作步骤·

① 羊肉洗净，切小块，入开水氽烫后捞出；干辣椒洗净，切段；葱、姜洗净，切末；青蒜、蒜薹洗净切段。

② 锅置火上，下入植物油，待油热后下入葱末、姜末爆香。

③ 下入羊肉块，炒干水分，下入干辣椒段、青蒜与蒜薹煸炒。

④ 加入啤酒、生抽、盐煸炒至上色，翻炒均匀即可。

·营养贴士· 羊肉营养价值高，肾阳不足、腰膝酸软、腹中冷痛、虚劳不足者都可以用它做食疗品。

干煸兔腿

主 料 兔腿500克

辅 料 花椒10克，灯笼椒15克，葱、姜各5克，蒜3克，精盐10克，花生油500克，白糖3克，料酒10克，大料粉、酱油各适量

·操作步骤·

① 兔腿洗净切块，用大料粉、料酒、精盐、白糖、酱油拌匀，腌渍1小时；灯笼椒切成两半；葱切段；姜、蒜剁末。

② 锅内放花生油，烧至七成热时，放入腌好的兔肉，炸至深红色时捞出。

③ 锅内留底油，烧至四成热时下花椒、灯笼椒、葱、姜、蒜炒香，然后倒入兔肉煸炒，烹料酒，放精盐，改小火煸至兔肉水分变干，出锅装盘即成。

·营养贴士· 此菜具有开胃、美容、减肥的作用。

红焖兔肉

主料 兔肉300克，土豆200克

辅料 小灯笼椒50克，蒜苗40克，熟猪油60克，食盐3克，白糖50克，陈醋20克，酱油10克，生姜10克，八角、桂皮、花椒各1克，鸡精适量

·操作步骤·

① 将兔肉洗净泡去血水，切块，放入清水锅中焯烫后捞起，再冲洗1次；蒜苗洗净，去茎留叶，切段；土豆去皮洗净，切块；姜拍松备用。

② 将兔肉块放入锅中，开火，放入小灯笼椒、八角、桂皮、花椒、白糖，注入开水，撇去浮沫，放入土豆、食盐，盖上锅盖，用小火炖10分钟，关火。

③ 待兔肉九成熟时放入蒜苗，拌入熟猪油、陈醋、酱油，用大火收汁，拣去姜、八角、桂皮、花椒，调入鸡精即可。

·营养贴士· 兔肉富含人体器官发育不可缺少的卵磷脂，有健脑益智的作用。

·操作要领· 兔肉非常嫩，本身没什么怪味，所以不必先腌渍。

巴蜀脆香鸡

主 料 鸡肉 500 克

配 料 植物油 1500 克，青椒 5 克，干辣椒 25 克，盐、鸡精各 5 克，淀粉、花椒各适量

·操作步骤·

① 鸡肉洗净，剁成小块；青椒洗净，切段；干辣椒切段。

② 锅置火上，注水，水开后放入鸡肉焯烫片刻，捞出洗净沥水，用盐和淀粉抓裹均匀。

③ 另起锅，下入植物油，待油热后下入鸡肉炸至熟透捞出。

④ 锅留底油，待油热爆香花椒、干辣椒与青椒段，最后下入鸡肉、盐、鸡精翻炒均匀即可。

·营养贴士· 鸡肉中含有维生素 C、维生素 E 等，蛋白质的含量也比较高，种类多，而且消化率高，很容易被人体吸收利用。

·操作要领· 用盐和淀粉将鸡肉抓裹均匀可以使鸡肉入味，还能使肉感更嫩滑。

红油冬笋鸡

主 料 童子鸡250克，冬笋、芹菜各100克

辅 料 红油80克，食盐5克，辣椒酱、生抽各20克，味精2克，姜汁10克，葱15克，淀粉30克，黄酒、白醋各10克，香油5克

·操作步骤·

① 将童子鸡洗净切块，放在碗里，用生抽、食盐腌一下，再用湿淀粉拌匀备用；将冬笋切丝焯烫一下晾凉；葱洗净切段；芹菜洗净，茎叶分离，茎切段备用。

② 将冬笋丝、芹菜段放在一个碗里，用开水浸泡，直至用前捞出控水；另取一个碗加入葱段、生抽、黄酒、味精、姜汁、湿淀粉、白醋，兑成芡汁。

③ 将腌好的鸡块装盘，入蒸笼蒸熟，拿出倒入加了红油的锅中，加入调好的芡汁，以大火收汁入味，拣去葱段。

④ 另取锅加入红油、辣椒酱，放入控水后的冬笋丝、芹菜段、食盐，翻炒均匀至熟，盛起盖在鸡块上，滴入香油，点缀芹菜叶即可。

·营养贴士· 此菜具有良好的补虚效果，特别适合老人、病人、体弱者食用。

·操作要领· 冬笋含有草酸，会影响人体对钙质的吸收，所以要事先焯烫一下，去除草酸。

宫保鸡丁

主料 鸡胸肉250克，葱白50克，花生米适量

辅料 植物油15克，盐、白糖、醋、酱油、花椒、干辣椒、水淀粉、料酒各适量

·操作步骤·

① 鸡胸肉洗净，切丁，用盐和水淀粉抓裹均匀；葱白洗净，切成与鸡肉丁大小相似的段；花生米炒熟，去皮；干辣椒洗净，切段；盐、白糖、醋、酱油调成味汁。

② 锅置火上，下入植物油，待油热后下入花椒、干辣椒段爆香。

③ 下入鸡肉丁翻炒片刻，加料酒，下入花生米继续翻炒至熟，最后下入味汁，以水淀粉勾芡即可。

·营养贴士· 鸡肉有温中益气、补虚填精、健脾胃、活血脉、强筋骨的作用。

·操作要领· 鸡肉易熟，不要炒制太长时间，老了口感不好。

干锅辣子鸡

主 料 仔鸡1只

辅 料 青、红辣椒若干，姜、蒜、植物油、盐、酱油、生抽、香油、花生米各适量

·操作步骤·

① 处理干净的仔鸡斩成大小合适的块，凉水入锅焯去血水，捞出来用流水冲干净浮沫，上锅大火蒸15分钟；把辣椒切段；姜切丝；蒜剥皮拍碎。

② 锅热植物油，烧至六成热，放入蒸好的鸡块翻炒片刻，放入辣椒、姜和蒜继续翻炒。

③ 放盐、酱油和少许生抽调味，翻炒均匀后，倒入之前蒸鸡时留下来的汤水焖1分钟。

④ 移至干锅，撒上花生米，淋上香油即可。

·营养贴士· 鸡肉性温，多食容易生热动风，因此不宜过食。

·操作要领· 鸡蒸过后，锅里会有些汤水，别倒进炒锅内，留着备用。

香辣鸡脆骨

主 料 鸡脆骨 350 克

辅 料 青辣椒、干红辣椒各 1 个，大蒜 50 克，香葱 30 克，姜 3 片，嫩肉粉、水淀粉、酱油、蚝油、香油、料酒、胡椒粉、精盐、糖各少许，植物油适量

·操作步骤·

① 将鸡脆骨洗净，加入嫩肉粉、水淀粉、酱油、胡椒粉、香油上浆；干红辣椒切成小辣椒圈；青辣椒切小片；蒜切成小块。

② 鸡脆骨过油捞出备用，用酱油、蚝油、香油、料酒、胡椒粉、精盐、糖调成汁。

③ 锅倒植物油烧热，放入姜片炒香，拣出，再加入红辣椒圈、青辣椒片、蒜爆香，加入鸡脆骨，烹入调好的汁翻炒至收汁，撒上香葱即可。

·营养贴士· 本菜品具有补钙的作用。

美人椒蒸鸡

主 料 鸡肉 300 克，美人椒 70 克，青椒 50 克

辅 料 高汤 500 克，熟猪油 100 克，食盐 5 克，生抽、料酒各 30 克，淀粉 25 克，味精 3 克，香油 5 克

·操作步骤·

① 将鸡肉洗净，切块，用生抽、料酒、食盐、淀粉腌渍 10 分钟。

② 美人椒、青椒洗净切末。

③ 锅中注油，待油热将鸡块下入锅中，略炸，捞起装碗，放入美人椒、青椒、食盐、味精，拌匀，放入蒸笼蒸熟，取出后滴入香油即可。

·营养贴士· 此菜对身体瘦弱、食欲不振有良好的改善作用。

川味干锅鸡翅

主 料 鸡翅 500 克

辅 料 植物油 15 克，盐 5 克，味精 2 克，红椒、木耳、葱、姜、蒜、干辣椒、花椒、香菜、香辣酱、红油、酱油、料酒、南德粉各适量

·操作步骤·

① 鸡翅洗净；木耳择洗干净，撕小朵；红椒洗净切片；葱、姜、蒜、干辣椒洗净，葱、干辣椒切段，姜、蒜切片。

② 锅置火上，注水烧开，分别放入木耳、鸡翅焯烫并捞出沥干。

③ 另起锅注水，放盐、味精、葱段、姜片、蒜片、干辣椒段、酱油、料酒，煮沸后放鸡翅煮熟并捞出沥干。

④ 另起锅倒植物油加热，爆香干辣椒段、花椒，然后放入鸡翅、红椒、木耳翻炒，再放香辣酱、红油继续翻炒，最后放盐、味精、酱油、南德粉调味，翻炒均匀即可。

·营养贴士· 鸡翅富含胶原蛋白，对保持皮肤光泽、增强皮肤弹性均有好处。

·操作要领· 鸡翅要打花刀，这样可以更好地入味。

红焖鸭翅

主 料 鸭翅 4 根

辅 料 白糖、生抽、食用油、食盐各适量，干红辣椒、葱、姜、花椒、大料、味精各适量

操作步骤

准备所需主材料。

把姜切片，葱切成葱花；鸭翅放入碗内，用生抽、姜片、大料、花椒腌渍 10 分钟。

锅内放入食用油，烧至八成热。

锅内放入白糖熬至酱色。

把鸭翅、干红辣椒放入锅中翻炒，大火收汁，熟了之后放入食盐、味精调味即可。

营养贴士：鸭翅肉质紧密，营养丰富，具有大补虚劳、滋五脏之阴、清虚劳之热、补血行水、养胃生津等作用。

操作要领：鸭翅在腌渍前，要先用热水焯一下。

川味鸡松

主 料 鸡肉150克，包菜200克，木耳30克，豌豆50克

辅 料 植物油10克，盐5克，葱、姜、蒜、辣椒、红油、酱油各适量

·操作步骤·

① 鸡肉洗净切末；包菜洗净切细丝；木耳洗净泡发，摘蒂切末；豌豆洗净；葱、姜、蒜洗净，去皮切末；辣椒洗净切丁。

② 锅置火上，加水和适量盐，水开后下入包菜丝焯熟，捞出沥干水分并盛盘。

③ 另起锅下植物油加热，爆香葱末、姜末、蒜末、辣椒丁。

④ 放鸡肉、木耳、豌豆炒熟，加盐、红油、酱油炒匀，盛在包菜上即可。

·营养贴士· 包菜对溃疡有着很好的治疗作用，能加速创面愈合，是治疗胃溃疡的有效食品。

芋儿烧鸡

主 料 鸡肉500克，芋头适量

辅 料 食用油10克，盐、味精各4克，葱、姜、蒜、干辣椒、花椒、豆瓣酱、酱油、八角、山柰、白糖各适量

·操作步骤·

① 鸡肉洗净斩块，入开水中焯烫后捞出，洗净沥干；芋头洗净去皮，切滚刀块；葱、姜、蒜洗净切末；干辣椒洗净切段。

② 锅置火上，注入食用油烧至五成热，倒入豆瓣酱，翻炒几下后放入葱末、姜末、蒜末、八角、山柰、干辣椒段、花椒，炒香后倒入鸡块，表面炒熟后烹入少许酱油上色。

③ 加入盐、白糖，翻炒均匀后加入清水，以刚好能盖住鸡肉为宜，随后倒入芋头。

④ 大火烧开后转小火慢慢烧，至芋头沙化变软，大火收一下汁，撒入味精翻炒均匀即可。

·营养贴士· 芋头所含的矿物质中，氟的含量较高，具有洁齿防龋、保护牙齿的作用。

鱼香脆鸡排

主 料 鸡胸肉 500 克

辅 料 鸡蛋 5 个，面包糠、蒜末、豆瓣酱、糖、醋、酱油、姜末、葱末、精盐、生粉、植物油各适量

·操作步骤·

① 鸡胸肉洗净切片，用少量精盐和生粉稍微抓一抓，放置备用；鸡蛋打散备用；取一个大碗，倒入面包糠。

② 锅中倒入植物油，油烧至六七成热，转中火，将鸡肉裹满鸡蛋液，再放入盛有面包糠的碗中，两面沾满面包糠后入油炸 2~3 分钟，至两面金黄，取出控油，放在盘子里。

③ 锅中留底油，放入蒜末、姜末、葱末爆香，放入豆瓣酱、酱油、醋、糖、精盐翻炒一小会儿，盛出淋在鸡排上即可。

·营养贴士· 鸡的肉质细嫩，滋味鲜美，适合多种烹调方法，并富有营养。

·操作要领· 鸡肉片的厚度控制在 1~1.5 厘米。

菠萝炒鸡胗

主料 鸡胗500克，菠萝400克

辅料 植物油10克，盐5克，葱、姜、生抽、淀粉各适量

·操作步骤·

① 鸡胗洗净，切片，入开水锅中焯烫，捞出沥水；菠萝去皮，洗净，切成厚块。

② 葱、姜洗净，姜切末，葱切段。锅置火上，下入植物油，烧热后下入葱段、姜末爆香。

③ 下入鸡胗翻炒片刻，下入菠萝块，大火翻炒至熟。

④ 加入生抽、盐调味，翻炒均匀后以淀粉勾薄芡，将菠萝块均匀摆放在盘子四周，鸡胗放在盘子中央。

·营养贴士· 菠萝具有清暑解渴、消食止泻、补脾胃、固元气、益气血、消食、祛湿、养颜瘦身等作用。

干椒爆鸡胗

主料 鸡胗300克，藤椒、干辣椒段各适量

辅料 香芹30克，米酒25克，姜片、蒜片各15克，生抽15克，老抽10克，食盐3克，植物油适量，鸡精少许

·操作步骤·

① 将鸡胗表面的膜撕去，洗净备用；香芹洗净，切段。

② 鸡胗对半切断，在其中一半，先横向切条状不要切断，再纵向切条状不要切断，打好花刀。

③ 切好的鸡胗，用生抽、老抽、米酒、少许食盐拌匀，腌渍15分钟。

④ 炒锅加植物油烧热，放入鸡胗滑熟，捞出控油。

⑤ 锅中留底油，放入姜片、蒜片、干辣椒段、藤椒炒出香味，待干辣椒部分成棕黄色，放入鸡胗、香芹，调入食盐、鸡精、少许清水，炒至水分收干即可。

·营养贴士· 此菜含有蛋白质、脂肪、B族维生素等多种营养成分。

红油麻辣鸡肝

主 料 鸡肝 600 克

辅 料 高汤 600 克，红油 80 克，香葱、生姜、大蒜、花椒、八角、胡椒粉、干红辣椒、食盐、白糖、白酒、生抽各适量

·操作步骤·

① 鸡肝洗净切厚片；干红辣椒洗净切丁，香葱洗净切成葱花，生姜、大蒜去皮切片。

② 锅中倒入红油，油稍热时放大蒜、姜片、干红辣椒、八角、花椒炒出香味。

③ 放入鸡肝，加食盐、生抽、白糖均匀翻炒，待鸡肝五成熟时加入胡椒粉和白酒，2 分钟后注入高汤焖煮。

④ 待鸡肝熟后捞出大蒜、姜片、八角、花椒，装盘，点缀葱花即可。

·营养贴士· 鸡肝含有丰富的铁元素，是很好的补血食物。

·操作要领· 焖煮鸡肝时宜用小火；加入白酒后翻炒时一定要均匀，待酒气散尽后才能注入高汤。

魔芋烧鸭

主料 鸭肉300克，魔芋200克

辅料 植物油10克，盐、鸡精各3克，葱、姜、蒜、小葱、泡椒、酱油、料酒各适量

·操作步骤·

① 鸭肉洗净剁成块；魔芋洗净切块；小葱择洗干净切成段；葱、姜洗净切末；泡椒洗净。

② 锅置火上注水烧开，放魔芋块焯烫2分钟捞出沥水；将鸭肉放入水中焯烫捞出，洗净沥水。

③ 另起锅，倒植物油加热，爆香葱末、姜末、蒜、泡椒，放鸭肉翻炒片刻，放入酱油、料酒翻炒均匀。

④ 注入适量水，水沸后下入魔芋块，调入盐，小火焖煮至熟，放入鸡精、小葱即可。

·营养贴士· 魔芋具有降血糖、降血脂、降血压、散毒、养颜等作用。

干锅去骨鸭掌

主料 鸭掌300克

辅料 青椒、红椒各适量，料酒1大匙，植物油30克，淀粉、盐、蒜各适量

·操作步骤·

① 鸭掌加料酒汆烫后捞出洗净；青椒、红椒洗净切粒；蒜剥皮切碎。

② 热油，加入青椒、红椒、鸭掌、蒜、盐炒匀，再用淀粉勾芡，略煮即成。

·营养贴士· 鸭掌富含蛋白质，低糖、脂肪少，所以鸭掌可以称为绝佳减肥食品。

火爆鸭杂

主料 鸭肝、鸭胗、鸭心、鸭肠各20克，木耳50克，冬笋、青椒、红椒各适量

辅料 植物油10克，盐、鸡精各4克，葱、姜、蒜、酱油、料酒各适量

·操作步骤·

① 鸭肝、鸭胗、鸭心、鸭肠洗净，焯水，捞出洗净，沥干；鸭肝、鸭胗、鸭心切片，鸭肠切段。

② 木耳择洗干净，撕小朵；冬笋洗净，切片；青椒、红椒洗净，去蒂、籽，切菱形块；葱、姜、蒜洗净，切末。

③ 锅置火上，下入植物油，待油热下入葱末、姜末、蒜末爆香。

④ 下入鸭肝、鸭胗、鸭心、鸭肠翻炒片刻，加料酒，下入冬笋片、青椒块、红椒块继续翻炒，最后下入盐、鸡精、酱油，翻炒均匀即可。

·营养贴士· 鸭胗富含铁元素，尤其适合女性朋友食用。

·操作要领· 炒鸭杂的时候要用大火爆炒，以免绵软影响口感。

干锅板鸭煮莴笋

主料 板鸭1只，莴笋1根

辅料 熟酱、食盐、味精各适量

准备所需主材料。

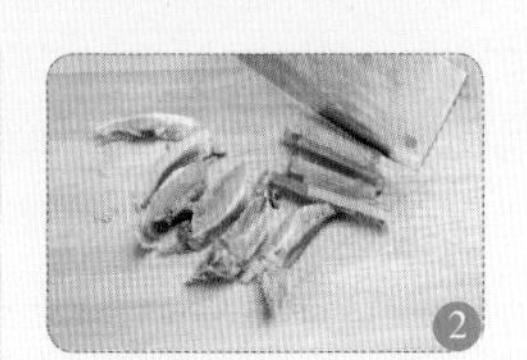

将板鸭切片；莴笋洗干净，择除叶子后切粗丝。

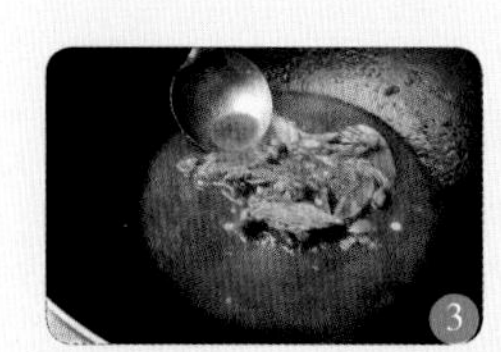

将锅内放入熟酱和适量水，烧热后放入鸭肉。

待鸭肉熟后，再放入莴笋，煮至莴笋熟透即可。

营养贴士：鸭肉中所含的B族维生素和维生素E较其他肉类多，能有效抵抗脚气病、神经炎等多种炎症，还能抗衰老。

操作要领：小火慢煮，大火收汁。

子姜啤酒鸭

主 料 鸭子1只，豆角适量

辅 料 啤酒1瓶，植物油、子姜、大蒜、姜、小葱、香辛料（干红椒、八角、桂皮、花椒粒）、盐、老抽各适量

·操作步骤·

① 鸭子洗净斩块，浸泡在清水中，过一会儿捞出鸭块，沥干水分，放入大盆中；子姜洗净切厚片；大蒜去皮洗净切片；豆角洗净切段。

② 锅内倒植物油加热，爆香蒜片、葱末、姜末、香辛料，转大火下子姜翻炒。

③ 大火快速翻炒鸭块，至表皮收缩、焦黄、出油后调入老抽。

④ 倒入啤酒，大火煮开后撇清浮沫，放入豆角，转小火焖煮约40分钟，转大火收浓汁，调入适量盐即可。

·营养贴士· 鸭肉有滋补、养胃、补肾、消水肿、止热痢、止咳化痰等作用。

·操作要领· 翻炒鸭块的时候一定要将油煸炒出来，这样能减少油腻的感觉。

剁椒鹅肠

主 料 鹅肠 400 克

辅 料 植物油 8 克，盐、味精各 3 克，香菜叶、葱、姜、剁椒、酱油、料酒各适量

·操作步骤·

① 鹅肠洗净，切段；葱、姜洗净，切末；锅置火上注水，烧开后放鹅肠焯烫，捞出沥水。

② 另起锅倒植物油烧热，爆香葱末、姜末、剁椒。

③ 下入鹅肠翻炒片刻，下入酱油、料酒，翻炒均匀。

④ 下入盐、味精调味，翻炒均匀，点缀香菜叶即可。

·营养贴士· 这道菜营养丰富，脂肪含量低，有益气补虚、增强食欲的作用。

·操作要领· 鹅肠稍稍焯烫一下即可，焯老了影响口感。

砂锅**毛血旺**

主料 鸭血500克，鳝鱼、熟肥肠各100克，火腿肠、毛肚各150克

辅料 黄豆芽50克，葱末、姜片各10克，干红辣椒20克，豆瓣酱、油各20克，鸡精3克，白糖、精盐各5克，料酒10克，醋5克，骨头汤适量

·操作步骤·

① 将鸭血、熟肥肠、火腿肠切片；鳝鱼切长段；毛肚切丝。

② 锅中加油烧热，放入干红辣椒、豆瓣酱、姜片，煸炒至出香味时，倒入骨头汤备用。

③ 将处理好的鸭血、鳝鱼、毛肚用开水汆烫一遍，然后连同火腿肠、熟肥肠、黄豆芽一起放入制好的汤内，加入精盐、鸡精、白糖、料酒、醋调味，大火烧开，待原料熟透后装入砂锅中，撒上葱末。

④ 起锅热油入干红辣椒，浇入砂锅即可。

·营养贴士· 这道菜有补血、解毒、健脾、润肤、清热解湿等作用。

·操作要领· 一定要用骨头汤，不能用其他汤代替，否则口感不好。

小炒鸡蛋

主 料 鸡蛋5个，香芹适量

辅 料 植物油10克，盐2克，虾皮、葱各适量

·操作步骤·

① 鸡蛋打入碗中，打散搅匀；香芹择洗干净，切小段；葱洗净，切末。

② 锅置火上，下入植物油，待油热下入葱末、香芹段翻炒，然后放鸡蛋液，凝固后翻拌成碎块。

③ 最后撒上少量虾皮即可。

·营养贴士· 蛋黄中含有叶黄素和玉米黄素，具有很强的抗氧化作用，能够保护眼睛。

鸡蛋炒春笋

主 料 鸡蛋3个，春笋250克

辅 料 胡萝卜30克，葱粒10克，精盐、生抽、白糖、植物油各适量

·操作步骤·

① 春笋洗净，放入沸水中氽烫2分钟，切丁；胡萝卜洗净切丁；鸡蛋打散。

② 炒锅中倒油烧热，把鸡蛋倒入锅中，边倒边用筷子划成蛋絮盛出。

③ 锅中置油烧热，放入春笋、胡萝卜翻炒几下，然后加入炒好的鸡蛋、葱粒，加精盐、生抽和白糖拌炒均匀即可上碟。

·营养贴士· 此菜具有帮助消化、防治便秘的作用。

韭菜炒鸡蛋

主料 韭菜150克，鸡蛋2个，红椒50克

辅料 醋15克，料酒10克，水淀粉8克，食盐3克，花椒粉、辣椒面、植物油各适量

·操作步骤·

① 韭菜洗净，切成段；红椒洗净，切成小块；鸡蛋加少许食盐、料酒、少许水打散。

② 坐锅点火倒油，下鸡蛋炒熟后盛出；取一小碗加醋、食盐、花椒粉、水淀粉搅匀。

③ 锅中加少许油，放入辣椒面炸香后倒入韭菜快速翻炒，加入红椒、鸡蛋，倒入调好的汁，炒熟出锅即可。

·营养贴士· 韭菜有助于疏调肝气，有增进食欲、增强消化功能的作用。

·操作要领· 用辣椒面爆香时，要将锅离火，否则容易煳底。

苦瓜煎蛋

主料 苦瓜250克，鸡蛋4个

辅料 食用油100克，精盐、味精、胡椒粉、鸡精各适量

·操作步骤·

① 把苦瓜对半切开后去掉瓤，切成薄片，焯熟；鸡蛋打散。

② 苦瓜放入鸡蛋液中，加精盐、味精、胡椒粉、鸡精调味，拌匀，然后倒入热油锅中，摊平，煎至两面变黄，出锅，切菱形块，摆入盘中即成。

·营养贴士· 此菜具有降血糖、降血脂、抗炎等作用。

玉米烙

主料 鲜玉米200克，胡萝卜10克

辅料 食用油10克，白糖30克，生粉15克

·操作步骤·

① 胡萝卜洗净切丁；鲜玉米剥粒，洗好，沥干水分。

② 把鲜玉米、胡萝卜丁放进碗里，加入生粉、白糖拌一下，使玉米和胡萝卜丁上都挂上生粉。

③ 将挂满生粉的玉米和胡萝卜丁放入锅中，加适量的食用油摊平，煎至金黄色，取出切块，撒上白糖即可。

·营养贴士· 玉米具有减肥、防癌抗癌、降血压、降血脂、增加记忆力、抗衰老等作用。

小炒鸽肚

主料 鸽肚400克，青椒、红椒各20克

辅料 植物油、酱油各10克，盐3克，味精2克，葱、姜、辣椒酱各适量

·操作步骤·

① 鸽肚洗净切片；青椒、红椒去蒂、籽，洗净切块；葱、姜洗净切末。

② 锅中倒水加热，焯烫鸽肚，捞出沥水。

③ 另起锅倒植物油加热，爆香葱末、姜末，然后放辣椒酱炒香，加入鸽肚翻炒片刻，下入青椒块、红椒块继续翻炒。

④ 调入盐、味精、酱油，翻炒均匀即可。

·营养贴士· 鸽肚具有提高皮肤细胞活性、增强皮肤弹性、改善血液循环等作用。

·操作要领· 焯烫鸽肚的时候可以在水中加点料酒，这样能去除腥味。

焦炸乳鸽

主料 乳鸽1只，鸡蛋2个

辅料 葱花、蒜蓉、海鲜汁、酱油、食用油各适量

1 准备所需主材料。

2 将乳鸽切成适口小块。

3 将鸡蛋打散在碗内，用筷子搅拌均匀。

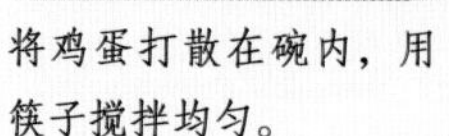

4 将乳鸽肉块裹满鸡蛋液，放入热油锅内炸至金黄，捞出控油。

5 锅内留少许底油，放入炸好的乳鸽肉块，放入海鲜汁、酱油、蒜蓉，翻炒均匀，撒上葱花即可。

营养贴士：鸽肉的蛋白质含量高，消化率也高，脂肪含量较低，在兽禽动物肉类中最宜人类食用。

操作要领：乳鸽肉质软嫩，在炸制时火不宜过大，以免炸煳。

乳鸽砂锅

主 料 乳鸽2只，大白菜100克，笋尖100克

辅 料 姜、蒜、葱各5克，食用油50克，味精10克，鸡精20克，料酒15克，胡椒粉5克，白汤适量

·营养贴士· 本道菜具有健脑提神、提高记忆力的作用。

·操作要领· 将乳鸽放入沸水中稍微烫一下即可，以去掉肉身腥味和杂质为佳。

·操作步骤·

① 姜、蒜、葱切片；大白菜切成4厘米见方的片状；笋尖洗净分拆备用。

② 乳鸽去掉内脏，斩成块，放入汤锅中氽水后捞出。

③ 将炒锅放在火上，放油加热，然后放入姜、蒜、葱片和乳鸽肉炒香。

④ 放入白汤、味精、鸡精、料酒、胡椒粉烧沸，煮大约10分钟，入笋片，最后撇净浮沫即可倒入砂锅内。

水煮鱼

主料 草鱼1条，黄豆芽500克

配料 干辣椒、花椒、姜、蒜、食用油、食盐、味精、葱花各适量

·操作步骤·

① 将草鱼剔除鱼腹内脏和鱼鳞，片成片，加食盐、味精拌匀，搁置30分钟；黄豆芽洗净；姜切成大块；蒜拍散。

② 将食用油入锅烧热，关火，油中热时加入干辣椒、姜、蒜、花椒，做成辣椒油。

③ 一盆加有数颗干辣椒的清水烧开，加入黄豆芽，同时将鱼片一片片夹入沸水中，鱼片浮上水面后关火，倒入已做好的辣椒油，撒上葱花即可。

·营养贴士· 常吃黄豆芽能营养毛发，使头发保持乌黑光亮，同时，对面部雀斑也有较好的淡化效果。

·操作要领· 煮鱼的水，以鱼片放入后，刚刚被水淹过即可。

酸菜鱼

主料 乌鱼1条，酸菜200克

辅料 红椒50克，姜丝、葱段各20克，食盐5克，高汤、料酒、蛋清、植物油各适量，胡椒粉少许

·操作步骤·

① 乌鱼处理好，切去头和尾，洗净，沿着鱼骨片出2片鱼肉。

② 鱼头切成2半，鱼尾、鱼骨切段，全部放入碗中，加适量料酒、蛋清腌渍。

③ 鱼肉内部朝上，刀呈45°角斜切成鱼片，用适量蛋清、料酒腌渍。

④ 酸菜冲洗1遍，挤干水分，切成段；红椒洗净，切片。

⑤ 锅中倒入植物油，爆香姜丝、葱段、红椒，再放入酸菜一同炒出香味，放入高汤、鱼头、鱼尾及鱼骨，大火煮10分钟，再放入胡椒粉、食盐调味。

⑥ 熬好鱼汤后，捞出鱼骨，倒入鱼片，开小火煮2~3分钟，见鱼片成白色即可盛出。

·营养贴士· 乌鱼有祛风治疳、补脾益气、利水消肿的作用。

·操作要领· 放入鱼片时要用小火将鱼片煮熟，才能保持形状不散。

香辣豆豉鲫鱼

主料 鲫鱼1条

辅料 植物油100克，香辣豆豉100克，盐2克，淀粉、熟芝麻适量

·操作步骤·

① 鲫鱼择洗干净，在鱼身上划几刀，抹上盐、淀粉。

② 锅中倒植物油加热，下入鲫鱼煎至两面金黄时捞出控油，放在盘中。

③ 锅留底油，爆香香辣豆豉。

④ 将豆豉放在鲫鱼上，最后撒上熟芝麻。

·营养贴士· 鲫鱼味甘、性平，入脾、胃、大肠经，有健脾、开胃、益气、利水、通乳、除湿的作用。

川香小黄鱼

主料 小黄鱼1条，黄柿子椒1个，红尖椒3个

辅料 香菜、姜、蒜各少许，精盐、味精、生抽、淀粉、植物油各适量

·操作步骤·

① 将小黄鱼处理干净后，用精盐腌一会儿，裹上一层薄薄的淀粉；黄柿子椒、红尖椒洗净切小片；香菜去叶，洗净，切小段；姜、蒜切片。

② 锅中倒植物油烧热，放入小黄鱼炸至两面金黄时捞起；锅内留底油，放姜片、蒜片入锅内爆香，加入黄柿子椒、红尖椒翻炒，最后加入生抽、精盐、味精翻炒，至入味后盛出淋在小黄鱼身上，再撒上香菜段即可。

·营养贴士· 小黄鱼有健脾开胃、安神止痢、益气填精的作用。

香锅带鱼

主 料 带鱼 500 克

辅 料 植物油 3000 克，盐 3 克，鸡精 2 克，葱、干辣椒、酱油、料酒、干淀粉各适量

·操作步骤·

① 带鱼洗净，沥干水分切段，用盐、料酒、酱油腌渍；葱洗净切末；干辣椒洗净切末。

② 锅中倒植物油加热，下入用干淀粉裹匀的带鱼段，炸至金黄色捞出。

③ 锅留底油，下入干葱末、干辣椒末爆香。

④ 下入炸好的带鱼段、料酒、酱油翻炒几下，下入盐、鸡精翻炒即可。

·营养贴士· 带鱼富含镁元素，对心血管系统有很好的保护作用。

·操作要领· 炸制带鱼的时候，要注意翻动，以免炸煳。

红焖鲽鱼头

主 料 鲽鱼头1个

辅 料 盐、味精、白胡椒粉、姜、葱、绍酒、熟猪油、高汤各适量

·操作步骤·

① 鲽鱼头处理干净，剞上花刀；姜洗净切片；葱洗净切末。

② 锅中倒熟猪油加热，爆香姜片、葱末。

③ 下入鲽鱼头，加入高汤、绍酒，煮至汤浓、鲽鱼头松软，下入盐、味精、白胡椒粉调味。

④ 将鲽鱼头及汤汁盛入砂锅内，置小火上煮5分钟出锅即可。

·营养贴士· 鲽鱼的脂肪含量较低，并且含有丰富的蛋白质和各种维生素及人体所需的微量元素。

油酥刁子鱼

主 料 刁子鱼500克

辅 料 植物油1000克，盐、料酒、葱、姜、干辣椒、面粉、淀粉、胡椒粉、泡打粉、椒盐各适量

·操作步骤·

① 刁子鱼去内脏、鱼鳞，冲洗干净后沥干水分；姜洗净，切片；干辣椒洗净，切碎；葱切花。

② 刁子鱼放入容器中，加盐、料酒、姜片、干辣椒碎拌匀后放进冰箱冷藏腌渍2个小时。

③ 用面粉和淀粉加水调成面糊（面粉和淀粉的比例约为2 ： 1），加少许盐和胡椒粉调味，再加入1小勺的泡打粉搅匀，将刁子鱼放入面糊中裹一下面糊。

④ 锅中倒植物油加热至六七成，下入裹好面糊的刁子鱼，炸至金黄色捞出沥油，撒上椒盐、干辣椒碎与葱花拌匀即可。

·营养贴士· 刁子鱼肉性味甘、温，有开胃健脾、利水消肿的作用。

干炸银鱼

主 料 银鱼300克

辅 料 食盐5克，鸡精5克，姜片15克，醋少许，鸡蛋1个，生抽、生粉、料酒、植物油各适量

·操作步骤·

① 银鱼清洗干净后放在容器中，加入食盐、鸡精、生抽、料酒、醋、姜片腌制15分钟。

② 将鸡蛋和生粉加水调成糊状，锅中放油烧热。

③ 将腌制好的银鱼在糊状生粉中打滚，下油锅中炸至金黄色即可。

·营养贴士· 鱼肉含有大量的蛋白质，脂肪含量较低，且多为不饱和脂肪酸。

·操作要领· 鱼肉肉质松软，所以炸的时候一定不要过多翻动。

烤古眼鱼

主 料 古眼鱼2条

辅 料 烧烤酱料、辣椒粉、孜然、食用油、食盐各适量

操作步骤

1 准备所需主材料。

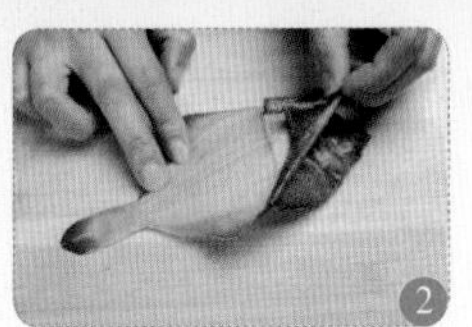

2 将古眼鱼的鱼皮剥掉，在鱼身上割出透笼刀纹。

3 将烧烤酱料、食盐、食用油均匀地涂抹在鱼身表面，然后洒上孜然、辣椒粉，腌制30分钟。

4 将鱼放在烤架上，烤至全熟即可。

营养贴士：古眼鱼肉质细嫩鲜美，含丰富的赖氨酸。

操作要领：烤制时要把鱼多翻几次，不要烤煳了。

泡椒西芹墨鱼仔

主 料 墨鱼仔300克，西芹、泡椒各适量

辅 料 植物油10克，盐3克，葱、姜、蒜、料酒、酱油各适量

·操作步骤·

① 墨鱼仔择洗干净，对半切开；西芹、泡椒洗净，西芹切段；葱、姜、蒜洗净，葱、姜切末，蒜切片。

② 锅置火上，注水，待水开下入墨鱼仔，焯至八成熟时捞出，沥水。

③ 另起锅，下入植物油，待油热下入葱末、姜末、蒜片、泡椒爆香。

④ 下入墨鱼仔、西芹段、料酒翻炒，下入盐、酱油调味，翻炒均匀即可。

·营养贴士· 墨鱼具有补肾益气的作用。

·操作要领· 清洗墨鱼时，应先撕掉表皮，剥开背皮，拉掉灰骨。然后找一个盛满清水的容器，把墨鱼放进去，在水里将头和内脏一起拉出来。

飘香虾

主料 白虾400克

辅料 植物油2500克，盐3克，芹菜、姜、红椒、红油、干淀粉各适量

·操作步骤·

① 白虾剔除虾线，洗净沥干，用干淀粉抓裹均匀；姜洗净，切段；芹菜洗净，切段；红椒洗净，切圈。

② 锅置火上，下入植物油，待油热下入白虾，炸至金黄色捞出。

③ 锅留底油，下入芹菜段、姜段、红椒爆香。

④ 下入炸好的白虾翻炒，调入盐、红油，翻炒均匀即可。

·营养贴士· 白虾通乳的作用较强，并且富含磷、钙，对儿童、孕妇有补益作用。

·操作要领· 虾的直肠中充满了黑褐色的消化残渣，含有细菌。可在清洗时用刀沿背部切开，直接把直肠取出洗净即可。

巴蜀香辣虾

主 料 活对虾 500 克

辅 料 西芹、大葱、生姜、大蒜、干辣椒、八角、桂皮、草果、白蔻、花椒、熟芝麻、花生、植物油、海天虾酱、味精、鸡精、四川郫县豆瓣各适量

·操作步骤·

① 虾处理干净，去头留壳，在背上切一刀，用油炸熟待用。

② 大蒜一半切片、一半切成末；生姜切末；西芹、大葱、干辣椒洗净切段。

③ 锅倒油烧热，放入八角、桂皮、草果、白蔻、花椒炒香后捞出，再下入豆瓣、葱、姜、蒜，依次下炸熟的虾、西芹来回翻炒。

④ 待炒上几番以后，配料差不多熟了，下虾酱，然后下少许味精、鸡精、花生、熟芝麻继续翻炒至虾身卷曲，颜色变成橙红色，即虾已断生，即可出锅。

·营养贴士· 虾含大量的维生素 B_{12}，同时富含锌、碘和硒，且热量和脂肪较低。

·操作要领· 此菜品无须加盐，豆瓣里含盐。

干锅香辣虾

主 料 鲜活大虾500克

辅 料 笋、芹菜各少许，橄榄油、大蒜、生姜、葱、辣椒、料酒、生抽、糖各适量

·操作步骤·

① 剪去虾枪和虾须，保留虾脚，大虾背部用小刀划开，挑出泥肠；芹菜切段；笋切条；葱、辣椒切碎。

② 锅里加入适量橄榄油，放入大蒜、生姜、葱、辣椒，小火炒香，放入处理好的大虾、笋条、芹菜段煸炒，至虾身弯曲变红，烹入适量料酒，倒入适量生抽调味。

③ 加入适量糖调味，转大火煸干汤汁，起锅即可。

·营养贴士· 大虾中有蛋白质、糖类、维生素A、B族维生素，以及磷、铁、镁等矿物质等，对身体非常有好处。

脆椒基围虾

主 料 基围虾300克，红杭椒100克

辅 料 干红椒13克，蒜泥8克，香醋15克，酱油10克，白糖2克，料酒15克，精盐3克，香葱、姜各7克，熟白芝麻5克

·操作步骤·

① 将香葱、红杭椒、干红椒洗净切段；姜洗净切末，与香葱、红杭椒、干红椒一起放在碗中，用精盐、料酒腌渍2分钟；将基围虾背部划开，取出虾钱。

② 沸水锅中，先后加入已开背的基围虾、料酒、精盐、香葱、姜；待基围虾煮熟后捞起，置入冰水中。

③ 将腌渍好的干红椒等加入蒜泥、酱油、香醋、白糖等调料放入深口碗内，然后将凉透的基围虾放入盆中，加熟白芝麻略微搅拌一下，即可上桌食用。

·营养贴士· 基围虾适宜肾虚阳痿、男性不育症、腰膝无力之人食用。

酸辣笔筒鱿鱼

主 料➡ 鱿鱼300克，酸菜150克

辅 料☛ 红辣椒、肉末各30克，食盐5克，鸡精3克，红油、植物油、碱水各适量，葱花少许

·操作步骤·

① 鱿鱼处理干净，斜剞十字花刀，放入沸水锅中汆一下，使其成笔筒形，放碱水中浸30分钟，捞出洗净。

② 酸菜用清水浸泡30分钟，捞出拧干，切成小段；红辣椒洗净，切成圈。

③ 锅中置植物油烧热，下肉末、红辣椒圈炒香，再加入鱿鱼、酸菜翻炒至熟，加入食盐、鸡精、红油翻炒均匀，撒些葱花即可出锅。

·营养贴士· 此菜有滋阴养胃、补虚润肤的作用。

·操作要领· 此菜选料都是易熟品，爆炒至熟保留原有的鲜味才是最好的。

香锅虾

主 料 虾500克，藕200克

辅 料 辣椒豆瓣酱、洋葱、料酒、食用油、食盐、味精各适量。

准备所需主材料。

把藕和洋葱切片，去掉虾线、虾须。

锅内放入食用油，油热后放入虾，翻炒至红色。

放入料酒、辣椒豆瓣酱、洋葱、藕片，翻炒至熟后，放入食盐、味精调味即可。

营养贴士：虾能增强人体的免疫力和性功能，有补肾壮阳、抗早衰之作用。

操作要领：翻炒时间不要过长，虾熟了即可。

香辣锅巴鳝段

主 料 鳝鱼 350 克，锅巴 150 克，青椒、干辣椒各适量

辅 料 植物油 2000 克，盐 4 克，鸡精 2 克，香菜、葱、姜、蒜、淀粉各适量

·操作步骤·

① 鳝鱼处理干净，切段，放入清水中浸泡；青椒、干辣椒洗净，去蒂，切块；葱、姜、蒜洗净，葱、姜切末，蒜切片。

② 将鳝鱼段捞出沥干，用盐和淀粉抓裹均匀。

③ 锅置火上，下入植物油，待油热下入鳝鱼段，炸至金黄色捞出，然后用底油爆香葱末、姜末、蒜片。

④ 下入炸好的鳝鱼段翻炒片刻，下入青椒块、干辣椒块继续翻炒，最后下入锅巴，调入盐、鸡精，翻炒均匀，出锅装盘，点缀香菜即可。

·营养贴士· 鳝鱼有补气养血、温阳健脾、滋补肝肾、祛风通络等保健作用。

·操作要领· 炸制鳝鱼段的时候，一定要将鳝鱼炸透、炸脆，这样吃起来才会有香脆的口感。

椒香鲜鳝

主料 鳝鱼400克，青椒、红椒各适量

辅料 植物油15克，盐4克，鸡精3克，葱、姜、蒜、鲜花椒、红油各适量

·操作步骤·

① 鳝鱼处理干净，切段，在清水中浸泡；青椒、红椒洗净，去蒂、籽，切片；葱、姜、蒜洗净，切末。

② 锅置火上，注水，待水开下入鳝鱼段，焯烫片刻，捞出沥水。

③ 另起锅倒植物油加热，爆香葱末、姜末、蒜末、鲜花椒，然后下入鳝鱼段翻炒片刻，下入青椒片、红椒片、红油继续翻炒。

④ 注入适量清水烧煮，水将干时调入盐、鸡精，翻炒均匀即可。

·营养贴士· 鳝鱼富含维生素A，能增进视力。

香辣牛蛙

主料 牛蛙500克

辅料 食用油、精盐、味精、辣椒酱、花椒、黄酒、生粉各适量，山椒75克，红椒80克

·操作步骤·

① 牛蛙洗净，切块，用精盐、味精、黄酒腌渍；入味后拌入生粉，备用。

② 旺火热油，下入山椒、红椒、花椒爆香，加入牛蛙；牛蛙七成熟时再加入辣椒酱煸炒至熟，加少许盐调味即可。

·营养贴士· 牛蛙是一种高蛋白质、低脂肪、低胆固醇的营养食品。

泡椒鳝段

主料 鳝鱼 500 克

辅料 青笋 50 克，泡椒末 50 克，姜末、蒜末、葱末各 8 克，酱油、醋、料酒各 8 克，精盐 15 克，味精 5 克，白砂糖 8 克，植物油 30 克，高汤、明油各适量

·操作步骤·

① 将经过宰杀洗净的鳝鱼切成 3.5 厘米长的段；青笋去皮洗净切丁。

② 锅中热油至七成热，放入鳝鱼段煸干水分后，加入泡椒末、姜末、蒜末和葱末炒出香味，然后加入高汤、料酒、酱油、精盐、白砂糖和青笋烧开，再转中小火继续煮，至鳝鱼煮软。

③ 待汤汁烧干时，加味精、葱末、醋，并淋明油，起锅晾凉，装盘即可。

·营养贴士· 此菜具有补中益气、养血固脱、温阳益脾、滋补肝肾、祛风通络等作用。

·操作要领· 中小火煮鳝鱼的时间越长，味道越好。

口水牛蛙

主 料 牛蛙2只

辅 料 青蒜少许，红辣椒1个，香菇若干，娃娃菜1根，豆瓣酱、十三香、干辣椒、花椒、葱段、姜片、蒜末、黄酒、啤酒、盐、味精、糖、油、老抽各适量

·操作步骤·

① 牛蛙洗净切块，红辣椒、香菇切丁，娃娃菜切碎，青蒜切段。

② 起油锅，待油开后下葱段、姜片、蒜末、花椒、干辣椒爆香后；放入牛蛙翻炒，淋上黄酒及少许老抽，放入红辣椒、香菇、娃娃菜，继续翻炒出香味。

③ 加入适量豆瓣酱，撒上十三香继续翻炒，倒入两杯啤酒，大火收汁。

④ 放精盐、味精、糖调味，出锅，并放上青蒜段。

⑤ 另起油锅，放半杯油烧开，浇在刚刚装盆的牛蛙上即可上桌。

·营养贴士· 蛙可使人气血旺盛、精力充沛，有养心安神补气的作用。

·操作要领· 翻动不要太勤，牛蛙肉质柔嫩，翻动过频会散。

西芹兰花蚌

主 料 兰花蚌 1 包，西芹适量

辅 料 蒜 3 粒，油、食盐、鸡精、姜片各适量

·操作步骤·

① 兰花蚌泡水洗净；西芹洗净切段。

② 姜片和蒜拍烂后放入油锅炝炒。

③ 放入兰花蚌和西芹翻炒，再加食盐和鸡精调味后即可出锅。

·营养贴士· 兰花蚌属于寒性食物，具有清热除火的作用。

·操作要领· 兰花蚌和西芹翻炒时不用加水，因为很快就会炒熟，而且兰花蚌可以炒出水分。

川椒霸王蟹

主料 肉蟹4只

辅料 色拉油2000克，蚝油5克，鸡精5克，盐2克，香油、川椒、花椒、葱、姜、水淀粉、辣椒油、熟芝麻各适量

·操作步骤·

① 肉蟹洗净，宰杀；葱、姜洗净切末；川椒洗净切段。

② 锅置火上，注入色拉油，待油热后放入肉蟹，稍炸一下捞出，沥油。

③ 锅留底油，下入葱末、姜末、川椒段、花椒爆香，然后下入肉蟹翻炒片刻，调入蚝油、辣椒油，注入清水，大火烧煮。

④ 汤汁将干时调入鸡精、盐，加入水淀粉勾芡，撒上葱段、熟芝麻即可。

·营养贴士· 肉蟹有清热解毒、补骨填髓、利肢节、滋肝阴、充胃液的作用。

酱爆香螺

主料 香螺500克

辅料 圣女果1个，苦菊30克，辣酱50克，番茄酱10克，植物油40克，食盐5克，料酒30克，蒜苗20克，鸡精、味精各1克

·操作步骤·

① 将香螺洗净，入沸水焯5分钟，过凉；圣女果、苦菊洗净；蒜苗去茎取叶，洗净切末。

② 热锅下冷油，油热后下入香螺，烹入料酒，加入食盐、辣酱，大火翻炒1分钟，炒出香味；加少许开水，盖盖焖煮3分钟。

③ 锅中加入蒜苗，调入番茄酱、鸡精、味精，大火收汁，出锅后点缀圣女果和苦菊即可。

·营养贴士· 此菜有凉血去火、美容养颜之作用。

青椒炒河螺

主料 河螺 250 克，虾 200 克，青椒 1 个

辅料 干辣椒 10 克，韭菜少许，姜、豆瓣酱、菜油、盐、味精各适量

·操作步骤·

① 河螺洗净捞出；青椒洗净去籽切丝；韭菜切段；生姜切丝。

② 在炒锅里倒入适量的菜油，开大火至六成熟，倒入生姜丝、干辣椒、豆瓣酱炒拌均匀，再倒入洗干净的河螺、虾翻炒，加盐，把河螺炒熟。

③ 倒入青椒丝、韭菜一起炒，放入少许味精调味即可。

·营养贴士· 河螺含有丰富的维生素 B_1，可以防治脚气病，对喝生水引起的腹泻也有一定作用。河螺还有镇静神经的作用，感到精神紧张时，河螺是理想的食疗佳品。

·操作要领· 因为河螺里面有沙，所以在洗河螺时要经常换水，才能把河螺洗干净。

黑椒煎牡蛎

主 料 去壳牡蛎 500 克，鸡蛋 2 枚，黑胡椒粉适量

辅 料 生姜、生抽、料酒、食用油、食盐、孜然各适量

操作步骤

1 准备所需主材料。

2 将牡蛎放入碗内，放入姜片、生抽、食盐、料酒腌渍 10 分钟左右。

3 将鸡蛋磕入另一碗中，放入胡椒粉，搅拌均匀，把腌好的牡蛎裹上蛋液。

4 锅内放入食用油，油热后放入牡蛎煎至两面金黄，装盘后撒适量孜然即可。

烹饪心得

营养贴士：牡蛎营养价值极其丰富，含有人体必需的 8 种氨基酸，具有美容养颜、宁心安神、益智健脑的作用。

操作要领：牡蛎在使用前要用开水稍微焯一下。

泡椒蛏子

主 料 蛏子 500 克，黄瓜 30 克

辅 料 色拉油 25 克，泡椒 50 克，盐 5 克，鸡精 2 克，料酒 15 克，葱、姜、白糖、淀粉各适量

·操作步骤·

① 蛏子放在盐水中喂养 24 小时，中途多换几次水；黄瓜洗净切段，放开水中焯一下；葱、姜洗净切末；泡椒洗净切段。

② 锅置火上，注入清水，水开后下入蛏子，煮 3 分钟捞出，沥水。

③ 另起锅，注入色拉油，油热后下入葱末、姜末、泡椒段爆香，再放入黄瓜段煸炒。

④ 下入蛏子翻炒片刻，调入盐、鸡粉、白糖，用淀粉勾芡即可。

·营养贴士· 蛏子含蛋白质、糖类及多种矿物质，具有滋阴清热、除烦解酒的作用。

炒螃蟹

主 料 螃蟹 500 克

辅 料 大葱少许，植物油 75 克，白砂糖 30 克，料酒、醋各 15 克，盐、姜各 5 克，味精、胡椒粉各 2 克

·操作步骤·

① 螃蟹处理好后，斩成块，加盐、胡椒粉拌匀。

② 大葱洗净切花；姜切末。

③ 锅中倒油，七成热时倒入螃蟹翻炒，待螃蟹呈红黄色时，下葱、姜翻炒，加料酒、白砂糖、醋调味，最后加味精炒匀即可。

·营养贴士· 螃蟹含有丰富的蛋白质及微量元素，具有舒筋益气、健胃消食的作用。

干香鸡腿菇

主 料 鸡腿菇400克

配 料 植物油10克，盐3克，鸡精2克，葱、姜、蒜、干辣椒、青椒、酱油、红油各适量

·操作步骤·

① 鸡腿菇择洗干净，切条；葱、姜洗净切末，蒜切片；干辣椒洗净切段；青椒洗净切段。

② 锅置火上，注水，待水开下入鸡腿菇，焯至熟透，捞出沥水。

③ 另起锅，下入植物油，待油热下入葱末、姜末、蒜片、干辣椒段爆香。

④ 下入鸡腿菇、青椒段、酱油、红油翻炒片刻，调入盐、鸡精，翻炒均匀即可。

·营养贴士· 鸡腿菇性平，味甘滑，具有清神益智、益脾胃、助消化、增加食欲等作用。

·操作要领· 鸡腿菇一定要焯熟，否则容易引起腹泻。

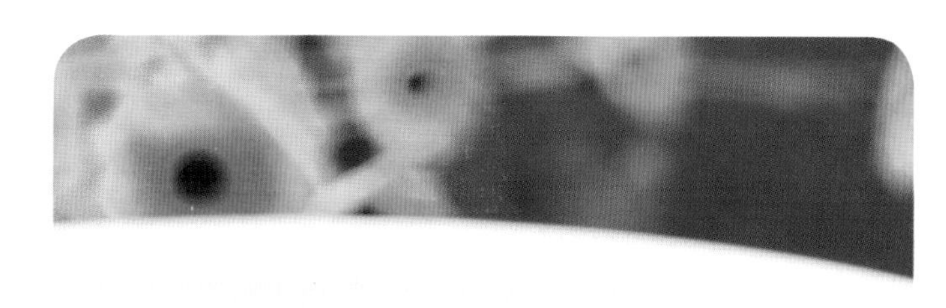

辣炒蘑菇

主 料 口蘑400克，青椒、红椒各适量

辅 料 植物油10克，盐3克，葱、姜、郫县豆瓣各适量

·操作步骤·

① 口蘑择洗干净，切片；青椒、红椒洗净，去蒂，切圈；葱、姜洗净，姜切末，葱切段。

② 锅置火上，下入植物油，待油热下入葱段、姜末爆香；下入郫县豆瓣，煸炒出香味。

③ 下入口蘑翻炒，快熟时下入青椒圈、红椒圈继续翻炒。

④ 下入盐调味，翻炒均匀即可。

·营养贴士· 口蘑富含微量元素硒，能够调节甲状腺功能，提高身体免疫力。

·操作要领· 炒制这道菜的时候，不宜放味精或鸡精，避免破坏口蘑原有的鲜味。

罗汉炒双耳

主 料 金针菇200克，银耳100克，木耳100克

辅 料 食用油、食盐、味精各适量

操作步骤

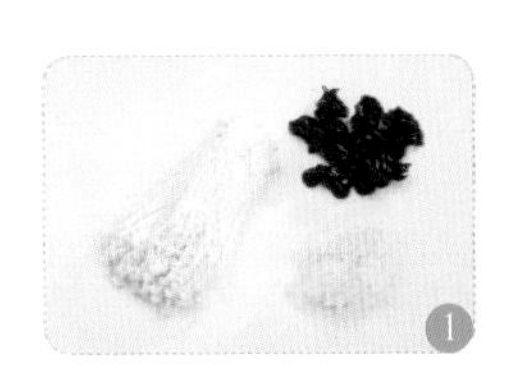

1 准备所需主材料。

2 把银耳和木耳泡发后撕成适口小块；将金针菇去根洗净后撕成段。

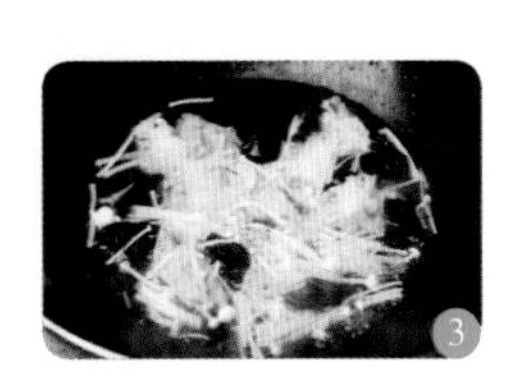

3 将金针菇、银耳、木耳放入清水锅内焯至全熟，捞出沥干。

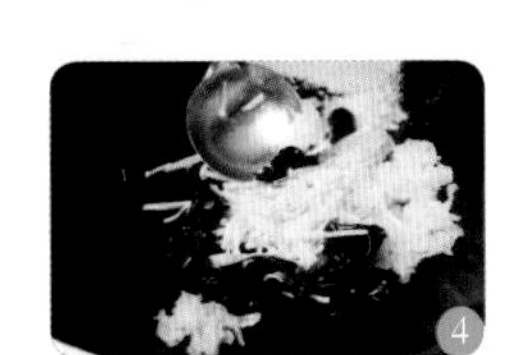

4 锅内放入食用油，油热后放入金针菇、银耳、木耳翻炒，至熟后放入食盐、味精调味即可。

营养贴士：木耳中铁元素的含量极为丰富，故常吃木耳能养血驻颜，令人肌肤红润、容光焕发，并可防治缺铁性贫血。银耳富含维生素D，能防止钙的流失。

操作要领：炒制时不要采用大火爆炒，要采用中火慢炒。

干锅茶树菇

主 料 鲜茶树菇 400 克，青椒、红椒各适量

辅 料 植物油 10 克，盐 4 克，鸡精 2 克，葱、姜、香辣酱、红油、酱油各适量

·操作步骤·

① 茶树菇择好，洗净，放入清水中浸泡；青椒、红椒洗净，去蒂，切圈；葱、姜洗净，切末。

② 锅置火上，注水，待水开下入茶树菇焯烫，熟透时捞出，沥水。

③ 另起锅，下入植物油，待油热下入葱末、姜末爆香。

④ 下入酱油、茶树菇、青椒圈、红椒圈翻炒至熟，最后下入盐、鸡精、香辣酱、红油，翻炒均匀即可。

·营养贴士· 茶树菇具有健脾止泻、抗衰老、美容的作用。

·操作要领· 稍微有些棕色的茶树菇比较好，粗大的、颜色比较淡的茶树菇则品质不佳。

辣炒酸菜

主 料 酸菜400克

辅 料 柿子椒20克，红椒20克，肉末、生粉、食盐、姜、蒜、生抽、蚝油、食用油各适量

·操作步骤·

① 将酸菜洗净剁碎；在肉末中添加食盐、生抽、生粉拌匀；青椒、红椒、姜、蒜切碎。

② 锅内倒食用油，油热后放肉末翻炒，变色时盛出。

③ 用留下的底油煸炒姜、蒜，煸出香味。

④ 放入酸菜翻炒，然后倒入肉末、青椒、红椒翻炒，当青椒与红椒断生时添加生抽、蚝油调味即可。

·营养贴士· 酸菜具有促进人体细胞代谢、帮助消化的作用。

泡椒炒西葫芦丝

主 料 西葫芦1个，泡椒适量

辅 料 植物油8克，盐、鸡精各2克，葱、姜各适量

·操作步骤·

① 西葫芦洗净，切丝；葱、姜洗净，切末；泡椒洗净，切段。

② 锅置火上，下入植物油，待油热下入葱末、姜末、泡椒段爆香。

③ 下入西葫芦丝翻炒，快熟时下入盐、鸡精调味，翻炒均匀即可。

·营养贴士· 西葫芦含有较多的维生素C、葡萄糖等营养物质，尤其是钙的含量极高。

酸菜小竹笋

主料 酸菜、小竹笋各200克，肉末50克

辅料 植物油10克，盐、糖、味精各3克，葱、姜、蒜、老抽、红椒各适量

·操作步骤·

① 酸菜洗净，切碎，沥干水分；小竹笋洗净，切丁，焯水；葱、姜、蒜洗净，切末；红椒洗净，切段。

② 锅置火上，下入植物油，待油热下入葱末、姜末、蒜末、红椒段爆香。

③ 下入肉末翻炒，肉末变色后下入老抽、酸菜碎、小竹笋丁继续翻炒。

④ 下入盐、糖、味精调味，翻炒均匀即可。

·营养贴士· 竹笋具有开胃健脾、通肠排便、消油腻、解酒毒的作用。

·操作要领· 酸菜也可以焯一遍水，这样可以去除一些杂质，也能去除一些酸味。

麻婆豆腐

主料 豆腐400克

辅料 植物油50克，盐、味精各3克，葱、姜、蒜、蒜苗、老抽、郫县豆瓣、辣椒面、花椒面、花椒油、水淀粉各适量

·操作步骤·

① 豆腐洗净，切成2厘米见方的块；葱、姜、蒜洗净，切末。

② 锅置火上，注水，待水开下入豆腐块焯一下，捞出沥水。

③ 另起锅，下入植物油，待油热下入葱末、姜末、蒜末爆香，下入郫县豆瓣煸炒。

④ 锅中注水，下入盐、味精、老抽、辣椒面、花椒面、花椒油，搅拌均匀，水沸后下入豆腐，水将干时下入水淀粉勾芡，撒少许蒜苗即可。

·营养贴士· 豆腐具有补中益气、清热润燥、生津止渴、清洁肠胃的作用。

酸菜老豆腐

主料 老豆腐350克，酸菜、青椒、干辣椒各适量

辅料 植物油500克，盐3克，味精2克，葱、姜、酱油各适量

·操作步骤·

① 老豆腐洗净切小块；酸菜洗净切碎；青椒、干辣椒洗净切圈；葱、姜洗净，葱切花，姜切末。

② 锅置火上，下入植物油，待油热下入豆腐块，煎至两面金黄，捞出控油。

③ 锅留底油，待油热下入葱花、姜末爆香。

④ 下入酸菜、青椒圈、干辣椒圈翻炒，注入适量水后下入豆腐块、酱油，焖至水将干，调入盐、鸡精，翻炒均匀即可。

·营养贴士· 豆腐具有补中益气、清热止渴的作用。

川香辣酱 豆腐干

主料 豆腐干350克，红椒适量

辅料 植物油1000克，盐3克，鸡精2克，蒜苗、葱、姜、酱油、辣椒酱各适量

·操作步骤·

① 豆腐干洗净，切长条；红椒洗净，去蒂、籽，切长条；葱、姜洗净，葱切段，姜切末；蒜苗洗净，切段。

② 锅置火上，下入植物油，待油热下入豆腐干，煎至表面金黄，捞出控油。

③ 锅留底油，待油热下入葱段、姜末爆香。

④ 下入豆腐干翻炒片刻，下入蒜苗、酱油、辣椒酱、红椒条继续翻炒，最后下入盐、鸡精，翻炒均匀即可。

·营养贴士· 豆腐干中含有大量蛋白质、脂肪、糖类，还含有钙、磷、铁等多种人体所需的矿物质，能够预防心血管疾病，保护心脏。

·操作要领· 在炸制豆腐干前，可将豆腐干焯一遍水，这样豆腐干比较容易炸透。

香椿豆腐

主料：香椿 150 克，豆腐 200 克

辅料：金针菇、胡萝卜、姜丝、食用油、食盐、味精各适量

准备所需主材料。

将香椿切丁，胡萝卜切丝，金针菇洗净撕开，豆腐切块。

将金针菇和胡萝卜丝焯水后备用。

锅内放入食用油，放入姜丝爆香，再放入香椿翻炒均匀。

锅内放入适量水，再放入胡萝卜丝、金针菇、豆腐炖煮，至熟后放入食盐、味精调味即可。

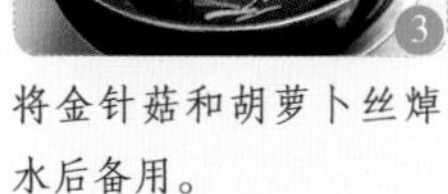

营养贴士：香椿富含大量蛋白质、糖类、B 族维生素、维生素 C、胡萝卜素以及磷、铁等矿物质，营养比较全面、均衡。

操作要领：香椿在切前，要用水焯一下。

麻婆豆腐

主 料 豆腐 200 克，牛肉 100 克

辅 料 葱 1 根，豆瓣酱 20 克，花椒 10 克，姜 5 克，酱油 10 克，植物油 75 克，料酒、生抽、盐、辣椒粉、胡椒粉、干淀粉各适量

·操作步骤·

① 豆腐切块后放入沸水中汆一下，捞出用淡盐水浸泡 10 分钟左右；豆瓣酱剁碎；姜切末；葱切小斜段；锅中不放油，放入花椒炒香，然后压成粉末备用。

② 牛肉切粒加少许料酒、生抽、胡椒粉拌匀，腌渍 15 分钟，然后加少许干淀粉抓匀。

③ 炒锅烧热后放油，倒入牛肉粒，炒至金黄色后，放入豆瓣酱一起炒；放入姜末、葱段、酱油、辣椒粉，炒出红油后加入肉粒，倒入豆腐烧 3 分钟左右。

④ 出锅时，放入花椒粉翻炒几下即可。

·营养贴士· 此菜具有预防心血管疾病、补益、清热等作用。

·操作要领· 可以将红椒洗净去蒂，切成碎末状，和葱花一起洒在豆腐上，增加菜色。

清炒松柳

主料 松柳菜 500 克

辅料 辣椒若干根，食盐、白糖、色拉油、姜、细香葱各适量

·操作步骤·

① 松柳菜洗净，沥干水分。

② 将葱、姜切成细末。

③ 在锅内放油，加热后放入葱、姜末爆炒出香味。

④ 放入松柳菜用大火炒 1 分钟左右。最后调入食盐和白糖调味，翻炒均匀，在松柳菜上放几根辣椒即可。

·营养贴士· 松柳菜含有丰富的磷、钙、钾等元素，具有参与能量代谢、维持体内酸碱度平衡的作用。

麻仁山药

主料 山药若干根

辅料 白芝麻、植物油、白糖各适量

·操作步骤·

① 山药去皮切块；用中小火将白芝麻炒香备用。

② 锅中放油烧热，炸熟山药块，直至其外硬里软，变色，捞出控油。

③ 另外一锅内加油烧热，放白糖和水，用小火熬制成米黄色的糖汁。

④ 倒入山药块翻炒至包裹上糖浆，最后盛出裹上白芝麻即可。

·营养贴士· 山药具有滋补的作用，对须发早白、脾胃虚弱有一定的改善作用。

钵子娃娃菜

主料 娃娃菜400克，五花肉、红椒各适量

辅料 植物油8克，盐4克，鸡精2克，葱、姜、蒜、酱油、香油各适量

·操作步骤·

① 娃娃菜洗净切条；五花肉洗净切片；红椒洗净去蒂，切圈；葱、姜、蒜洗净，葱、姜切末，蒜切片。

② 锅置火上，注水，待水开下入娃娃菜焯烫，八成熟时捞出，沥水。

③ 另起锅，下入植物油，待油热下入葱末、姜末、蒜片爆香。

④ 下入五花肉煸炒，待五花肉打卷时下入酱油、娃娃菜、红椒圈翻炒至熟，调入盐、鸡精，翻炒均匀后淋入香油即可。

·营养贴士· 娃娃菜富含胡萝卜素、B族维生素、维生素C、钙、磷、铁等，经常食用具有养胃生津、除烦解渴、利尿通便、清热解毒的作用。

·操作要领· 五花肉能够提升这道菜的香味，炒制过程中一定不能缺少。

辣炒白菜帮

主料 白菜帮450克，五花肉适量

辅料 植物油、盐、鸡精、葱、姜、辣椒、红油、酱油各适量

·操作步骤·

① 白菜帮洗净切长条；五花肉洗净切薄片；葱、姜洗净，葱切段，姜切末；辣椒洗净切段。

② 锅置火上，注入植物油，待油热后下入部分葱段、姜末、辣椒段爆香。

③ 下入五花肉翻炒至变色，加入酱油稍微翻炒。

④ 下入白菜帮翻炒，快熟时调入盐、鸡精、红油，翻炒均匀，最后在上面撒上一些葱段即可。

·营养贴士· 白菜有清热解火、解渴利尿、通利肠胃、清肺热的作用。

·操作要领· 因为白菜本身就有水分，炒的时候就不用放水了。

钵子豇豆

主 料 豇豆400克

辅 料 盐4克，鸡精2克，植物油、葱、姜、蒜、酱油、红尖椒、香油各适量

·操作步骤·

① 豇豆择好，洗净切段；红尖椒去蒂、籽，洗净切细圈；葱、姜、蒜洗净，切末。

② 锅置火上，注入清水，水开后下入豇豆焯烫至七成熟，捞出，沥水。

③ 另起锅，注入植物油，油热后下入葱末、姜末、蒜末爆香。

④ 下入豇豆翻炒片刻，调入酱油，下入红尖椒继续翻炒至熟，最后调入盐、鸡精，翻炒均匀，淋上香油即可。

·营养贴士· 豇豆含有蛋白质、维生素、矿物质等营养物质，具有健脾益胃、补肾益精、消渴等作用。

·操作要领· 焯烫豇豆的时候可以在水中放些盐，这样比较入味。

黄金珠**菜花**

主 料 菜花 500 克，鲜玉米粒 1 小碟

辅 料 食用油、高汤、食盐、味精各适量

操作步骤

准备所需主材料。

用手把菜花掰成小块。

锅内放入食用油，油热后放入菜花翻炒片刻。

加入适量高汤，放入鲜玉米粒，炖煮至熟后放入食盐、味精调味即可。

营养贴士：菜花含有维生素 K，能够维护血管韧性。

操作要领：火不要太大，时间不要太长，菜花软硬适中即可。

辣炒苜蓿菜

主 料 苜蓿 500 克

辅 料 植物油 10 克，盐 4 克，鸡精 2 克，熟芝麻 5 克，葱、姜、蒜、干辣椒各适量

·操作步骤·

① 苜蓿择好，洗净，切段。

② 葱、姜、蒜洗净，切末；干辣椒洗净，切段。

③ 锅置火上，下入植物油，待油热下入葱末、姜末、蒜末、干辣椒段爆香。

④ 下入苜蓿，快速翻炒至熟，调入盐、鸡精，翻炒均匀，盛出装盘后撒入一些熟芝麻即可。

·营养贴士· 苜蓿有降低胆固醇、平衡血糖及荷尔蒙的作用，对贫血、关节炎、溃疡、出血性疾病均有帮助。

麻辣脆茄

主 料 茄子 400 克

辅 料 植物油 2000 克，盐 3 克，鸡精 2 克，葱、姜、干辣椒、花椒、淀粉各适量，香菜各少许

·操作步骤·

① 茄子去蒂，洗净切块，用盐和淀粉抓裹均匀；香菜洗净切段；葱、姜洗净切末；干辣椒洗净切段。

② 锅置火上，注入植物油，待油热下入裹好淀粉的茄子，炸至表面金黄时捞出，控油。

③ 锅留底油，下入葱末、姜末、干辣椒段、花椒爆香。

④ 下入炸好的茄子翻炒，调入盐、鸡精，翻炒均匀，撒上香菜即可。

·营养贴士· 茄子具有活血、清热、消肿、止痛、利尿等作用。

木耳炒西蓝花

主 料 西蓝花 400 克，胡萝卜 1 小段，黑木耳适量

辅 料 姜末、蒜末、食盐、食用油、味精各适量

准备所需主材料。

将西蓝花切成小块；黑木耳撕成小块；胡萝卜切成片。

把西蓝花、胡萝卜、黑木耳放入沸水中焯烫片刻捞出。

锅中放入食用油，油热后放入姜末、蒜末爆香，将西蓝花、胡萝卜、黑木耳放入锅中翻炒，至熟后放入食盐、味精调味即可。

营养贴士：西蓝花中的矿物质成分比其他蔬菜更全面，钙、磷、铁、钾、锌、锰等含量很丰富，维生素 C 含量也非常高。

操作要领：翻炒时火不应过大，以免破坏胡萝卜素，又因为胡萝卜素是脂溶性物质，所以一定要用油翻炒均匀。